RNA 특강

RNA

RNA 특강

DNA에서 RNA로, 분자 생물학의 혁명

양기원

사이언스
북스
SCIENCE
BOOKS

정보 속에서 잃어버린 지식을 찾아서

우리가 살아가느라 잃어버린 '생명'은 어디에 있는가?

우리가 지식 속에서 잃어버린 지혜는 어디에 있는가?

우리가 정보 속에서 잃어버린 지식은 어디에 있는가?

—T. S. 엘리엇, 「바위(The Rock)」

우리는 코로나19바이러스 세계적 대유행의 긴 터널을 지났다. 팬데믹은 일상을 빠른 속도로 무너뜨렸고 전 세계적으로 600만 명 넘는 희생자를 냈으며 우리나라에서만 1만 5000명 이상이 목숨을 잃었다. 그간 많은 이의 관심에서 비켜나 있던 생명 과학은 갑자기 모두의 관심 영역이 되었다. 또 생명 과학 관련자들이나 주로 사용했던 PCR(polymerase chain reaction)나 항원 항체 반응 같은 용어도 코로나19바이러스 검사가 일상화되면서 자주 쓰이기 시작했다. 이렇게 익숙해진 단어 중에 RNA가 있다. 코로나19바이러스가 RNA를 유전 정보로 갖는 바이러스였기 때문이다. 게다가 코로나

19바이러스 감염에 대항하기 위한 백신으로 RNA 백신이 짧은 시간 내에 개발되어 사용되었기 때문이기도 하다. 이는 인류 역사 최초로 사람을 대상으로 하는 RNA 백신이기도 했다. (이전에 RNA를 유전 정보로 갖는 웨스트나일바이러스에 대한 RNA 백신이 개와 고양이에서 시도되어 효험을 보였다.)

그런 탓인가, 일반인들도 RNA 바이러스의 특징이나 증상, 특히 RNA 백신 개발 과정이나 작동 기전 등을 접할 수 있었다. 코로나19바이러스에 대한 관심이 나보다 훨씬 더 많았던 우리집 경제학자는 이런 뉴스들이 새로 나올 때마다 내용을 이해할 수 없다며 내게 요점을 설명해 달라고 했다. 생명 과학에 대한 기초 지식이 없는 경우라면 RNA나 바이러스나 백신에 관련된 과학적 내용을 정확히 이해하기가 쉽지 않음에도 불구하고 많은 사람이 빠르게 이런 뉴스에 반응하는 것이 놀라웠다.

배경 지식이나 개발 성공 여부와 별개로 코로나19바이러스 백신이나 치료제 개발과 생산 가능성에 따라 여러 생명 공학 관련 회사들의 주식 가격은 격하게 오르내렸다. 최초로 코로나19바이러스 RNA 백신 개발에 성공한 작은 생명 공학 벤처 기업이었던 모더나(Moderna, Inc.)의 주식은 수십 배가

오르기도 했다. 코로나19바이러스에 대한 RNA 백신의 성공으로 과학계와 의료계는 독감, 후천성 면역 결핍증(acquired immune-deficient syndrome, AIDS) 등 다른 바이러스 질환이나 암 등에 대한 백신 혹은 치료법으로서 RNA의 가능성에 주목하기 시작했다.

이전에 주로 사용해 왔던 백신은 단백질 백신으로, 일반적으로 개발과 안정성 검증에 오랜 시간이 걸린다. 이에 비해 코로나19 RNA 백신은 개발 기간이 아주 짧았고 안전성 검증이 급하게 이루어졌다. 또한 백신을 확보한 각국 정부는 바이러스의 대유행을 가능한 한 빨리 끝내고자 반강제적인 접종 정책을 폈다. 이런 이유 때문이었는지, 사회의 다른 한편에서는 과학적 근거가 부족한 정보와 유언비어가 난무했다. 이런 상황에서 T. S. 엘리엇의 시구가 떠올랐다. 잘못된 정보가 전염병처럼 유행하는 현상을 지칭하는 인포데믹(infodemic)이라는 단어가 만들어지기도 훨씬 전인 1934년에 이미 "난무하는 정보 속에서 우리가 잃어버린 지식은 어디 있는가?"라고 질문했던 시인의 통찰력이 놀라울 뿐이다.

분자 생물학적 방법을 이용해 생명 현상을 연구하는 연구실 대부분은 RNA를 취급하지만 RNA가 내 전문 연구

분야는 아니었다. 개인적으로 RNA 연구 추이에 관심이 있었던 것은 우리 실험실에서 계속 연구해 온 세포 생장을 조절하는 단백질이 RNA와 응집체를 형성해 기능을 수행한다는 결과를 얻었기 때문이다. 그러나 RNA가 갑자기 모든 이의 관심사가 되는 일련의 복잡한 상황을 바라보면서 RNA에 대해, 그리고 RNA와 관련된 다양한 생명 현상과 RNA를 이용한 백신의 작동 기전에 대해 차근차근 정확한 설명을 해야 할 필요가 있다고 느꼈다.

생명 과학 분야에서는 지난 20여 년간 RNA를 이용해 유전자 발현을 막음으로써 치명적 유전병을 치료하려는 시도가 계속되어 왔고, 근래에는 여러 치료제가 미국 식품 의약국(Food and Drug administration, FDA)과 유럽 의약품 기구(European Medicines Agency, EMA)의 승인을 받고 시판되고 있다. 임상 시험 중인 RNA 치료제는 하루하루 늘어 가고 있다. 학생들은 물론이고 일반인들도 많은 벤처와 제약 기업에서 개발하고 있는 신약 정보 사이에서 끊임없이 튀어나오는 RNA에 대한 관심이 높아지고 있다. 그래서 이 RNA 연구와 응용의 새로운 가능성과 한계를 설명하고자, '정보 속에서 잃어버린 지식'을 찾아가는 『RNA 특강』을 시작하게 되었다.

20세기 중반 시작된 분자 생물학은 DNA라는 분자로 구성된 유전 정보와, 이 DNA 정보를 이용해 만들어진 단백질의 기능을 가지고 생명 현상의 기초를 이해할 수 있는 지식을 생산했다. 그러나 DNA와 단백질보다 훨씬 더 섬세하게, 훨씬 더 다양하게 생명 현상에 관여하는 RNA의 기능에 대해서는 상대적으로 연구가 시작된 지 그리 오래지 않았다. 최근의 연구 결과들은 RNA가 그간 우리가 이해하지 못하고 있었던 DNA 유전 정보 발현 과정의 여러 단계부터 단백질의 기능, 외부 자극에 대한 생리적 반응 등 다양한 층위에서 생명 현상을 조절하는 기능을 수행할 가능성을 제시하고 있다.

　　이런 의미에서 물질 수준에서 생명 현상을 공부하고 있는 나 자신을 위해서도 RNA에 대한 현재까지의 지식을 종합적으로 정리할 필요가 있다고 느꼈다. 지난 50년이 DNA의 시대였다면 다가올 30년은 RNA의 시대가 되리라 예상되기 때문이다. RNA의 여러 가지 응용 가능성에 더해 아직 밝혀지지 않은 RNA의 다양한 생체 내 조절 기능들이 알려지면 생명체의 작동 방식에 대한 이해는 훨씬 더 깊어지고 정교해질 것이다.

　　과학에 대한 글은 쓸 때 가능하면 쉽게 쓰려고 노력하

지만 안타깝게도 노력이 결과와 항상 일치하는 것은 아니다. 과학이란 기본 지식을 기반으로 그 위에 쌓이는 특징이 있기 때문이다. 또 쉽게 표현하는 능력이 부족한 내 글쓰기의 한계일 수도 있다. 분자 생물학에 대한 자세한 부분을 따라가기 쉽지 않더라도 계속 읽어 주시기를 감히 부탁드린다. 포기하지 않고 계속 읽다 보면 머릿속에 RNA에 대한 그림이 그려질 것이다.

"아는 것을 안다고 하고, 알지 못하는 것을 알지 못한다고 하는 것이 진실로 아는 것이다. (知之爲知之, 不知爲不知, 是知也.)"라는 『논어』「위정편」 글귀처럼 『RNA 특강』을 마칠 즈음에는 나 자신도, 독자들도 RNA에 대해 정확히 아는 것은 안다고, 알지 못하는 것은 알지 못한다고 이야기할 수 있기를 기대해 본다. 이러한 지식의 기반이 생명 과학 분야에 관심 있는 학생들은 물론이고 RNA 바이러스, RNA 백신, RNA 치료제를 다루는 업계 다양한 분야에서 올바른 판단을 하는 데 도움이 될 수 있으면 하는 것이 간절한 바람이다.

차례

태초에
RNA가
있었다

1

핵산

화학 기호나 화학식이 다가가기 쉬운 친근한 대상은 아니다. 그러나 모든 생명체는 화합물로 이루어져 있고 수많은 화학 반응을 통해 생명을 유지한다. 그래서 생명 현상을 이야기하려면 화합물이나 화학식 이야기를 할 수밖에 없다. 생명체는 크게 단백질, 탄수화물, 지질, 핵산(nucleic acid)이라는 화합물 4종으로 구성되어 있는데 DNA(deoxyribonucleic acid, 디옥시리보핵산)와 RNA(ribonucleic acid, 리보핵산)는 핵산에 속하는 화합물이다. 핵산은 세포의 핵에서 처음 발견된 산성을 갖는 물질이라는 뜻으로, 지구의 모든 생명체는 이

두 종류의 핵산을 갖고 있다. 생체 내 화학 물질의 기능은 화학적 구조와 긴밀히 연결되어 있다. 따라서 생명체를 구성하는 물질의 구조를 이해하면 물질의 생체 기능을 쉽게 이해할 수 있다. 그래서 핵산의 구조로 이야기를 시작하려고 한다.

핵산, 즉 DNA와 RNA 모두 뉴클레오타이드(nucleotide)라는 단위체가 연속적으로 한 줄로 계속 연결되어 만드는 선형 중합체(polymer)이다. DNA든 RNA든 두 번째 알파벳인 N이 이 뉴클레오타이드를 뜻한다. 뉴클레오타이드는 5개의 탄소로 구성된 당(糖), 인산(燐酸, phosphoric acid, H_3PO_4), 염기(鹽基, base)로 되어 있다. DNA와 RNA를 구성하는 성분의 차이를 비교하면 쉽게 RNA를 이해할 수 있으므로 모두에게 익숙한 DNA에 대해 간단히 먼저 설명하려고 한다.

DNA의 첫 번째 알파벳인 D로 축약된 디옥시리보스(de는 없다는 의미의 접두사, oxy는 산소를 뜻한다.)는 DNA를 구성하는 뉴클레오타이드에서 탄소 5개로 구성된 오탄당(五炭糖, pentose)인 리보스(ribose) 부분에 산소 원자가 하나 빠져 있다는 의미다. DNA는 화학적으로 아주 안정적인 물질이다. 오랜 시간 냉동 상태이거나 심지어 화석 속에 있어도 구조와 정보가 사라지지 않는다. 그래서 화석 속에 굳어 있던 모기의 피에서 DNA를 추출해 공룡을 재현하는 영화 「쥬라기 공원」 같은 상상이 가능하다. 이런 안정성 때문인지 우리가 아는 모든 생명체가 DNA를 유전 정보의 보관체(담지체)이자 운반체로 사용한다. 즉 생명체는 정보를 기반으로 하고 있고 이 정보를 DNA가 제공한다. DNA가 유전 정보를 갖고 있다는 이야기는 바로 DNA가 실제로 생명체가 살아가는 데 필요한 중요한 기능을 수행하는 단백질을 만들 수 있는 정보를 제공한다는 의미다.

DNA의 단위체 뉴클레오타이드는 그 구성 염기에 따라 오직 네 종류만 존재한다. 당과 인산 부분은 모두 같고 염기 부분만 각기 다른 아데닌(adenine, A), 티민(thymine, T), 구아닌(guanine, G), 시토신(cytosine, C)이 그것이다. 이 A, T, G, C 네 가지 염기는 무작위로 배열되는데, 이 배열에서 DNA가 가지는 유전 정보가 만들어진다. 그리고 이 배열을 염기 서열(sequence)이라고 한다.

재미있게도 DNA를 구성하는 A, T, G, C의 네 염기는 화학적으로 짝이 정해져 있다. A는 반드시 T와, G는 반드시 C와 짝을 이루어야 한다. 그래서 DNA는 주로 이중 나선 구조로 존재한다. (그림 1) 사다리가 꼬여 있는 모양의 DNA 구

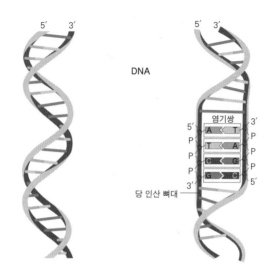

그림 1 DNA 이중 나선 구조와 이를 가능하게 하는 염기의 상보성.
사다리를 한 방향으로 꼬아 놓으면 DNA 이중 나선 구조가 된다.

조는 화장품 포장지에서도 쉽게 볼 수 있는 유명한 모양이다. 이중 나선이란 뉴클레오타이드가 계속 연결된 가닥 2개가 사다리 가로대처럼 서로 짝을 이뤄 결합한 염기들로 인해 마주 보며 나선으로 꼬여 있다는 말이다. 하나의 뉴클레오타이드의 당과 그다음 뉴클레오타이드의 인이 연속적으로 결합해서 생성된 선형의 DNA 가닥 2개가 사다리의 양쪽 기둥처럼 뼈대를 만들면서 바깥쪽에 존재하고, 안쪽에는 두 가닥 각각에 있는 염기들이 사다리에서 발판이 되는 가로대처럼 짝을 맞추어 배열되어 있다. 한쪽 가닥의 염기가 A인 경우는 다른 쪽 가닥의 염기가 T, C이면 G로 짝을 맞추고 있다. 이런 사다리를 한 방향으로 꼬아 놓으면 DNA 이중 나선 구조가 된다.

두 DNA 가닥은 강하게 결합되어 있지 않고 짝을 이룬 염기끼리 약하게 끌리는 결합으로 구조를 유지한다. 비유하자면, DNA를 구성하는 뉴클레오타이드의 당과 인이 연결된 부분은 마치 연인이 손을 잡고 있는 것처럼 강한 결합이라면 두 가닥 사이의 염기들이 짝을 이룬 결합은 본격적으로 사귀기 전 '썸타는' 이들처럼 약한 결합이다. 따라서 DNA 이중 나선을 이루는 두 가닥은 열 같은 에너지가 외부에서 가해지면 쉽게 분리될 수 있다.

　　DNA 이중 나선 구조를 이루는 네 염기에 대해 짝이 이미 정해져 있다는 사실은 DNA가 유전 정보를 보관하고 운반하기 위해 필수적인 특징이다. 이를 DNA의 상보성(complementarity)이라고 하며 서로 짝을 이루는 염기를 상보적이라고 한다. DNA의 상보성은 DNA의 유전 정보인 염기 서열을 읽어 내는 과정과 DNA를 복제하는 방법을 제공한다. 염기의 짝이 정해져 있기에 개체 내에서는 물론, 여러 세대에 걸쳐서도 DNA를 정확하게 복제하거나 필요한 부분만 복사해 낼 수 있다. DNA가 생명의 분자일 수 있는 것은 상보성 덕분이다. PCR 검사 등 DNA를 이용하는 기술 대부분도 DNA의 상보성을 기반으로 한다. 즉 DNA는 복제하거나 복사해 내는 과정에서 이중 나선 구조를 풀고 두 가닥의 짝을 이루고 있던 염기 부분을 분리한 후, 분리된 DNA 가닥 각각을 다시 주형(鑄型) 정보로 이용해 염기 짝이 맞도록 상보적인 염기를 갖는 새로운 뉴클레오타이드 가닥을 합성한다. 이렇게 상보성을 이용해 하나의 이중 나선 DNA는 쉽게 동일한 염기 배열을 갖는 2개의 이중 나선으로 복제될 수 있다.

RNA

　DNA 이름의 유래를 이해했다면 RNA는 훨씬 더 이해하기 쉽다. DNA와 RNA는 뉴클레오타이드라는 단위체로 되어 있고 그 구성 단위체는 거의 유사하다. (그림 2) DNA가 디옥시리보핵산이라면 RNA는 리보핵산이다. 산소 1개가 빠졌다는 뜻을 가진 '디옥시'가 이름에서 빠진 것을 보고 DNA와 RNA의 차이를 짐작하는 독자도 있으리라. 그러니까 RNA 구성 단위체인 뉴클레오타이드의 당 부분이 그냥 탄소 5개로 구성된 당(糖)인 리보스이며 DNA를 구성하는 당보다 산소 원자가 하나 더 있다. DNA에 비해 RNA를 구성하는 뉴클레오타이드의 당에 산소 원자가 하나 더 있다는 이 미세한 차이가 DNA와 RNA의 구조와 기능에서 큰 차이를 유발한다. DNA에는 없는 이 산소 원자 때문에 RNA는 화학 반응을 잘 일으키는 형태(화학적으로 -OH), 즉 수산기(水酸基, hydroxyl group)를 가지게 되어 쉽게 생체 내에 존재하는 다른 분자들과 화학 반응을 일으킬 수 있다. 그러므로 RNA는 DNA처럼 안정적인 물질이 아니다. RNA에 하나 더 있는 이 산소 원자 때문에, DNA는 두 가닥의 염기가 짝을 이룬 이중 나선으로 존재하는 반면, RNA는 이중 나선으로 존재하기에는 공간적

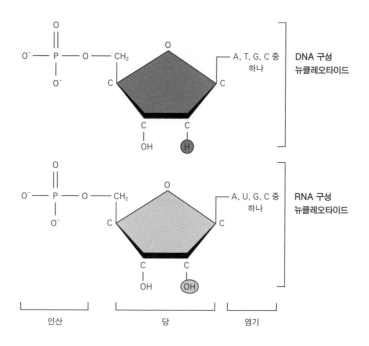

그림 2 DNA를 구성하는 뉴클레오타이드와 RNA를 구성하는 뉴클레오타이드.
핵산을 구성하는 당에 산소가 하나 더 있고 없고에 따라 DNA와 RNA의 큰 차이가
나타난다.

여유가 없어 주로 외가닥으로 존재하게 된다.

RNA의 뉴클레오타이드도 DNA처럼 네 가지 다른 염기로 구성되었는데 그중 세 가지는 A, G, C이며 DNA의 T 대신 T와 유사한 구조의 염기인 유라실(uracil, U. 우라실이라고도 한다.)을 갖고 있다. RNA의 U는 DNA의 T처럼 A와 짝을 이룬다. 즉 상보성이라는 특징이 DNA처럼 RNA에도 적용된다. RNA는 연속적인 한 줄의 외가닥이지만 거리상 떨어져 있는 같은 가닥 내의 상보적인 염기들이 부분적으로 짝을 이루어 존재할 수 있다. 이런 이유로 RNA는 아주 다양한 입체적인 구조를 만들 수 있고, 앞으로 공부하게 되겠지만, 이런 구조들이 RNA의 기능과 밀접하게 연결되어 있다. (그림 3)

최근에는 이렇게 특정 3차 구조를 형성할 수 있는 RNA의 특성을 이용해 신약 개발에 유용한 RNA 앱타머(RNA aptamer)를 개발하려는 움직임도 있다.[1] 마치 표적 단백질과 결합해 그 기능을 조절할 수 있는 항체처럼 특이적으로 표적 단백질과 결합할 수 있는 3차 구조의 RNA를 만들어 약으로 개발하겠다는 것이다. 또한 RNA는 필요에 따라 외가닥의 DNA와도 상보적으로 짝을 이룰 수 있고 다른 RNA와도 염기의 상보성에 따라 부분적으로 RNA-RNA의 짝을 이

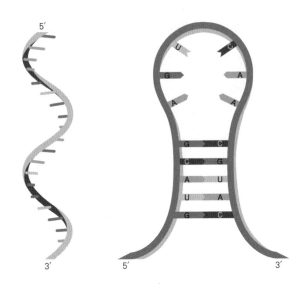

외가닥 RNA

외가닥 RNA 내 상보성을 갖는
염기 서열 부분이 짝을 이루어
형성된 입체적 구조

그림 3 입체적 구조를 만들 수 있는 외가닥 RNA.

루어 존재할 수 있다. 이런 RNA의 상보적 특징은 앞으로 이야기할 다양한 RNA의 생명 현상 조절 기능과 긴밀히 연결되어 있다.

DNA와 RNA의 공통된 특징인 방향성

DNA와 RNA 모두 당, 인산, 염기로 이루어진 뉴클레오타이드가 계속 연결되어 만들어지는데, 앞에 있는 뉴클레오타이드의 당 쪽에 다음 뉴클레오타이드의 인산 부분이 결합해 중합체가 형성된다. 그러므로 뉴클레오타이드가 연결되어 만들어진 DNA와 RNA 모두 한쪽 끝에는 인산이 있고 다른 한쪽 끝에는 당이 있게 된다. 즉 DNA와 RNA는 모두 노출된 양쪽 끝이 다른 화합물이다. 인산이 있는 쪽 끝을 5′(five prime) 말단이라고 하고 당이 있는 쪽 끝을 3′ 말단이라고 한다. 중요한 핵심은 핵산인 DNA와 RNA는 양 끝이 다른 화합물이고 만들어질 때 5′ 말단에서 3′ 말단 방향으로만 만들어질 수 있어 방향성이 있는 화합물이라는 것이다. (그림 1과 그림 3)

DNA와 RNA에 방향이 있다는 것은 이들의 기능과 긴밀히 연결되어 있다. 방향이 없다면 DNA나 RNA의 염기 서열을 어떤 순서로 읽어야 하는지 알 수가 없기 때문이다. 그러나 방향이 있기에 반드시 5′ 말단 방향에서 3′ 말단 방향으로 염기 서열을 읽는다. 예를 들어 영화「가타카(GATTACA)」의 제목처럼 DNA의 염기 서열을 GATTACA로 써 놓았을 때 이미 암묵적으로 제일 앞의 G가 5′으로 앞쪽이고 제일 뒤의 A가 3′으로 뒤쪽인 것을 알 수 있다. GATTACA와 순서가 거꾸로 된 ACATTAG는 완전히 다른 DNA 조각이 되는 것이다.

두 가닥의 상보적 염기 구성을 갖는 DNA가 서로 마주 보며 이중 나선 구조를 이룰 때, DNA 이중 나선은 두 가닥의 서로 다른 끝인 5′과 3′이 마주 보는 역평행(antiparallel) 구조를 이룬다. (그림 1) 평행(parallel), 역평행의 개념은 사다리와 비교하면 쉽게 이해할 수 있다. 사다리가 하나 있다고 해 보자. 그 기둥의 위쪽은 가늘고 아래쪽은 두껍다. 이것은 두 기둥 모두 마찬가지다. 그러나 DNA는 두 기둥 중 하나는 아래쪽이 두껍고 위쪽이 가늘며 다른 기둥은 아래쪽이 가늘고 위쪽이 두껍다고 생각하면 이해하기 쉽다. 이 사다리처럼 두 기둥의 서로 같은 끝이 마주 보고 있는 것을 평행이라고 한다면, DNA처럼 두 가닥의 서로 다른 끝이 마주 보고 있는 것을 역평행이라고 한다. 이러한 역평행은 DNA와 DNA,

DNA와 RNA, 혹은 RNA와 RNA가 염기의 상보성에 따라 짝을 이룰 때 항상 적용되는 원리이다. RNA의 생리적 기능을 이해하기 위해 반드시 기억해야 할 내용이다.

또한 DNA와 RNA 모두 중합체의 뼈대는 서로 연결된 인산과 당으로 이뤄져 있는데, 이중 인산은 전기 음성도가 높아 전체적으로 음전하를 띤다. 이 성질 덕분에 지질로 구성된 세포의 담벼락이라고 할 수 있는 세포막을 통과할 수 없다.

태초의 RNA 원시 생명체

이처럼 RNA는 유전 정보로 기능할 수 있는 염기 서열을 갖고 있으면서 또 한편 자체적으로 다양한 구조를 만들 수 있다. 바로 이 이유로 생명의 기원을 연구하는 학자들은 초기 원시 생명체가 만들어질 때 RNA가 가장 먼저 생겼다는 가설을 제시했다. 즉 태초에 RNA가 있었다는 것이다. 원시 생명체의 생성 과정에서 RNA가 구성 염기의 상보성을 이용해 자기 복제가 가능한 분자로서 유전 정보 보관체 겸 운반체로서 작용하고, 또 한편으로는 다양한 입체 구조를 통해 생체 반응을 촉매하는 효소로도 작용했으리라 예측되었기 때문이다.

　이 가설은 1982년 미국 콜로라도 대학교의 토머스 로버트 체크(Thomas Robert Cech, 1947년~)가 효소 활성을 갖는 RNA인 리보자임(ribozyme)의 존재를 처음 밝혀내면서 입증되기 시작했다. 이후 여러 가지 화학 반응을 촉매하는 효소 활성을 갖는 다양한 리보자임들이 많은 생물에 존재하는 것이 밝혀지면서 거의 정설로 받아들여지고 있다.

　체크가 RNA, 즉 리보핵산의 앞부분 리보(ribo)와 생체 반응을 촉매하는 효소(enzyme)를 조합해 처음 이름 붙인 리보자임은 RNA 자체가 형성하는 특정 입체 구조(그림 4)를 통해 생체 내 화학 반응을 촉매할 수 있다. 처음 발견된 리보자임은 자신의 RNA를 자르거나 붙일 수 있었고 그 후에는 자기 자신의 RNA뿐만 아니라 다른 RNA나 DNA에 작용해 효소처럼 생체 반응을 매개할 수 있음이 밝혀졌다. 체크는 효소 활성을 갖는 RNA를 총칭하는 리보자임을 처음 발견한 공로로 시드니 올트먼(Sidney Altman, 1939~2022년)과 함께 1989년 노벨 화학상을 수상했다.

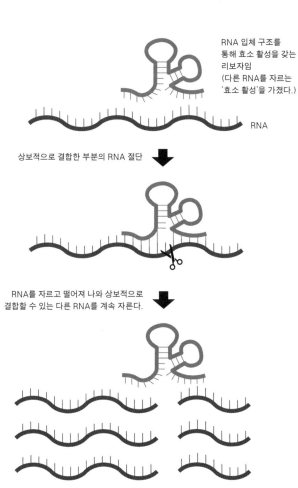

RNA 입체 구조를 통해 효소 활성을 갖는 리보자임
(다른 RNA를 자르는 '효소 활성'을 가졌다.)

RNA

상보적으로 결합한 부분의 RNA 절단

RNA를 자르고 떨어져 나와 상보적으로 결합할 수 있는 다른 RNA를 계속 자른다.

그림 4 RNA 효소 리보자임의 구조와 기능.

RNA를 분해하는 효소 리보뉴클레이스

실험실에서 RNA는 다루기가 매우 까다로운 물질이다. DNA가 매우 안정적인 물질로 연구가 상대적으로 쉬운데 비해 RNA는 그 자체가 반응성이 높아 안정성이 떨어지기 때문이기도 하지만 더 큰 이유는 RNA를 분해하는 효소인 RNase(ribonuclease, 리보뉴클레이스) 때문이다.

인간을 비롯해 세균부터 식물, 동물에 이르는 모든 생명체는 RNA를 작은 조각 또는 구성 단위체인 뉴클레오타이드로 분해하는 다양한 RNase 효소를 대량으로 만들고 또 분비하고 있다. 피부 세포에서도 RNase가 많이 만들어지고 분비된다. 따라서 실험을 수행하는 연구자조차 RNA에게는 분해 효소를 흩뿌리는 존재인 셈이다. 이처럼 RNA는 분해 효소인 RNase에 노출되기 쉽다. 그래서 RNA 실험자는 실험실에서 반드시 고무 장갑과 마스크를 끼고 몸을 가려야 한다.

그렇다면 왜 모든 생명체가 RNA 분해 효소인 RNase를 다량으로 만들어 내고 분비할까? 이유는 간단하다. RNA 분해 효소가 생체로 침투하려는 다양한 병원체에 대한 기본적인 방어 기전으로 작동할 수 있기 때문이다. 요즘 유행하고 있는 RNA를 유전 정보로 갖고 있는 코로나19바이러스를 생각하면 쉽게 이해가 될 것 같다. 또 모든 생명체가 RNA 분해 효소인 RNase를 갖고 있다는 사실로부터 생명체 진화의 역사에서 RNA와 그 분해는 잘 보존된 매우 중요한 생체 조절 기능을 담당하고 있음을 유추할 수 있다. 이런 중요성 때문에 효소 RNase는 그 기능을 수행하기 위한 단백질의 3차 구조가 가장 먼저 밝혀진 효소이기도 하다. 실제로 RNase는 생명의 기본 단위인 세포 안에서 더 이상 필요 없어진 RNA를 빠르게 분해할 뿐 아니라, 앞으로 다룰 주제인 RNA가 세포에서 다양한 기능을 수행할 수 있도록 RNA를 자르고 다듬어 기능이 가능한 성숙한 형태로 만드는 데 매우 중요하다.

DNA 바이러스, RNA 바이러스

2

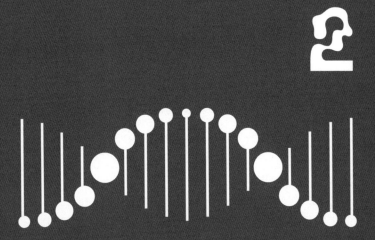

RNA도 유전 정보로 사용될까?

DNA가 유전 정보로 사용되는 물질인 것은 이미 다 아는 사실이다. 그렇다면 같은 종류의 핵산인 RNA도 유전 정보 물질로 사용될까? 직접 확인할 방법은 없지만 1강에서 언급한 것처럼 원시 생명체는 RNA를 유전 정보의 보관체이자 운반체로 사용했을 가능성이 크다고 과학은 예측한다. RNA가 구성 염기의 상보성을 이용해 자기 복제가 가능한 정보 물질로도 작용하고 또 다양한 입체 구조를 통해 생체 반응을 촉매하는 효소로도 작용할 수 있기 때문이다. 그러나 현재 지구에 존재하는 생명체는 모두 DNA를 유전 정보 물질로 사용하고 있다. 아마도 원시 생명체가 만들어지고 생명체로 정립되는 진화 과정에서 DNA가 훨씬 안정한 물질이라 RNA 대신 DNA가 유전 물질로 채택되었을 수 있다. 그래도 RNA가 유전 정보 물질로 사용되는 경우가 존재한다. 바로 바이러스이다.

바이러스는 병원체이기는 하지만 엄밀히 말하면 생명체가 아니라 그냥 물질이다. 일반적으로 자기 복제 능력을 생명체의 가장 중요한 특성이라고 보는데, 보통 숙주라고 불리는 생명체의 밖에 있을 때 바이러스는 그저 보통 물질처럼 아무런 생명체의 특징을 보여 주지 않는다. 바이러스는 숙주인 생명체에 침투했을 때만 갑자기 빠른 속도로 자신을 복제하고 자기 조직화하는 생명체의 특징을 보인다. 그래서 과학자들은 바이러스를 물질과 생명체의 중간 형태로 보기도 한다. 자기 복제 능력이 있다는 것은 그 복제를 가능하게 하는 정보를 갖고 있다는 뜻이므로, 바이러스도 유전 정보를 갖고 있다.

바이러스는 크게 DNA를 유전 정보 물질로 사용하는 종류와 RNA를 유전 정보 물질로 사용하는 종류로 나누어 볼 수 있다. 코로나19를 일으킨 코로나바이러스를 비롯해 독감의 원인인 인플루엔자바이러스, 2000년대 초반 아프리카에서 대유행한 에볼라바이러스, AIDS의 원인인 HIV 등 우리가 잘 아는 치명적인 바이러스 대부분이 RNA를 유전 정보로 사용하고 있다.

바이러스는 일반적으로 유전 정보가 단백질 껍데기로 둘러싸인 단순한 구조(그림 5)를 갖고 있다. 유전 정보를 둘러싼 바이러스의 단백질 껍데기를 캡시드(capsid)라고 부른다. 어떤 바이러스는 세포에서 만들어진 후 세포 밖으로 나올 때 얻은 숙주 세포의 막 성분을 단백질 껍데기 위에 덮어쓰기도 한다. 대부분의 바이러스는 단백질 껍데기가 숙주 세포의 세포막에 존재하는 특정 수용체 단백질과 결합해 숙주 세포 내로 침입한다.

DNA를 유전 정보로 갖는 바이러스들은 숙주에서 자신의 유전 정보를 복제할 때 숙주 세포의 유전 정보 복제 시스템을 그대로 가져다 쓴다. 또 많은 경우 숙주 세포에 침입한 후 숙주의 유전체 DNA에 삽입되어 조용히 숙주 세포의 유전 정보 일부처럼 잠행한다. 심지어 숙주 세포가 증식하기 위해 유전 정보를 복제할 때 그 유전체의 일부처럼 바이러스의 유전 정보도 함께 복제된다. 따라서 대부분의 DNA 바이

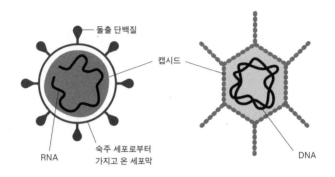

돌출 단백질

캡시드

RNA

숙주 세포로부터
가지고 온 세포막

DNA

RNA 바이러스
(숙주 세포의 세포막을 덮어 쓴 경우)

DNA 바이러스

그림 5 바이러스의 구조.

러스는 자신의 복제를 증가시키기 위해 자신이 잠입해 있는 숙주 세포의 복제를 촉진한다. 즉 암 같은 종양을 유발하는 종양 바이러스가 된다.

반면 대부분의 RNA 바이러스는 숙주 세포에 침입한 후 숙주의 세포 내에서 자신의 RNA 유전 정보를 복제하고 숙주의 시스템을 이용해 자신의 RNA 정보로부터 바이러스 생성에 필요한 단백질을 합성한 후 바이러스의 유전 정보를 담은 RNA를 단백질 껍데기가 둘러싸고 있는 자신의 복제체를 많이 만든다. 이렇게 숙주 세포에서 복제된 다수의 바이러스는 감염된 숙주 세포의 막을 파괴하고 숙주 세포 밖으로 방출된다. 즉 RNA 바이러스는 감염된 숙주의 세포를 파괴해 숙주에서 다양한 증세를 일으킨다.

모든 생명체에서 유전 정보를 정확하게 보존하는 것은 매우 중요하다. 유전 정보의 변이(mutation)는 생명체에 위협적인 치명적인 질병을 유발할 수도 있기 때문이다. 따라서 세포 내에는 DNA를 복제할 때 DNA 정보의 변이를 막기 위해 복제 과정 등에서 생기는 DNA의 구조적 오류를 원래대로 복구하는 여러 안전 장치가 있다. 그런데 RNA 바이러스가 숙주 세포에서 자신의 유전 정보를 RNA에서 RNA로 복제하는 과정은 DNA를 유전 정보 물질로 사용하는 숙주 세포에는 원래 존재하지 않는 과정이다. 그러므로 RNA 바이러스들은 자신의 유전 정보 내부에 RNA에서 RNA를 합성하는 다양한 방법을 갖고 있다. 그러나 그 복제 과정에서 발생하는 RNA의 정보 변이에 대한 안전 장치가 없다. 그 결과 RNA 바이러스의 유전 정보는 숙주에서 복제되는 과정에 수많은 변이가 발생한다. 이런 이유로 RNA 바이러스는 끊임없는 변이를 통해 계속 다른 특성의 바이러스로 변한다.

바이러스의 입장에서 보자면 변이체가 쉽게 생기는 RNA 바이러스의 이런 특성은 숙주의 변화나 항체의 공격을 회피하고 신속히 대응할 수 있다는 장점이 된다. 코로나19 팬데믹 때도 알파, 베타, 델타 하는 식으로 이미 여러 차례 수없이 변이를 만들며 우리를 괴롭힌 바 있다. 따라서 RNA 바이러스는 한 번 감염되어도 또다시 감염될 수 있으며, 백신도 계속 새로운 백신이 필요하다. 매해 독감 예방 주사를 맞아야 하는 것도, 또 앞으로 새로운 코로나19 백신이 개발되어야 한다고 역학자들이 예상하는 것도 모두 이러한 이유에서다.

센트럴 도그마

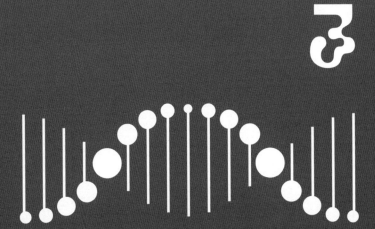

지구 생명체의 유전 정보 물질은 DNA이다. 생명체가 갖는 유전 정보 물질 전체를 유전체(genome)라고 한다. 유전체는 우리 몸의 세포에서 염색체의 형태로 단백질과 복합체를 이루어 존재하며 생명 활동 전반을 지배하고 조절한다. 그렇다면 핵산이지만 유전 정보 물질로는 직접 사용되지 않는 RNA는 생명체의 체내에서 무슨 역할을 하고 있을까? 가장 잘 알려진 RNA의 기능은 DNA가 가진 유전 정보를 전달하는 전령의 역할이다. RNA가 수행하는 생명체에서 가장 중요한 기능이면서 가장 먼저 알려진 기능이기도 하다.

DNA는 생명체의 기본 단위인 세포 내에서 매우 긴 뉴클레오타이드의 중합체로 존재한다. 이 기다란 뉴클레오타이드 두 가닥을 많게는 수백만 개의 염기쌍(base pair)이 연결해 이중 나선을 이루고 있다. 연속하는 DNA 이중 나선 염기 서열 중 세포에서 기능을 수행하는 단백질이나 RNA에 대한 정보를 제공하는 특정 부분의 염기 서열을 유전자라고 한다. 유전자는 대부분 단백질을 만드는 정보를 제공하지만 RNA 자체로 기능을 수행하는 경우는 그냥 RNA만 만들기도 한다. 유전체 내의 염기 서열이 모두 유전자로 작용하는 것은 아니다. 실제로 사람의 경우 유전체에서 유전자에 해당하는 부분은 DNA의 염기 서열 전체에서 겨우 2퍼센트 미만이라고 한다.

놀라운 것은 셀 수도 없을 정도로 다양한 지구 생명체들이 DNA의 염기 서열 내에 담긴 유전 정보를 이용해 생명을 유지하는 방법이 모두 같다는 것이다. 그래서 이 방법을 센트럴 도그마(Central Dogma)라고 한다. 센트럴 도그마란 영어로 '절대적 권위'를 뜻한다. 앞에서 '방법'이라고 썼지만 이 생명 유지 방법, 즉 생명체 유전 정보를 이용하는 유전 정보 해독법을 설명하는 '이론'을 가리키는 말이기도 하다. 그래서 센트럴 도그마를 '생물학의 중심 원리'라고 번역하기도 한다. 이 원리 또는 방법은 지구 상 모든 생물, 모든 세포에 동일하게 적용된다. 이는 지구 생명체의 진화 역사에서 생명체가 DNA 유전 정보를 이용하는 방법이 단 한 번 개발된 후 생물종이 다양화되는 과정에도 불구하고 계속 사용되어 오고 있음을 의미한다.

센트럴 도그마는 어찌 보면 아주 간단하다. DNA 염기 서열 중 발현시키고자 하는 유전자에 해당하는 부분의 DNA 정보를 주형으로 RNA가 만들어지고, 이렇게 만들어진 RNA 정보를 따라 단백질이 만들어진다는 것이다. (그림 6) 세포에서 염색체 형태로 존재하는 DNA 내의 모든 유전자가 항상 다 발현되지는 않는다. 세포에 따라, 수행하는 기능에 따라 각각 다른 유전자가 발현된다. 평균적으로 전체 유전자 중 약 20퍼센트만 세포에서 발현되고 있다고 한다.

DNA 내에 존재하는 특정 유전자를 발현시키기 위해서는 긴 유전체 DNA에서 먼저 그 유전자에 해당하는 DNA 부분의 정보를 읽어 내는 과정이 필요하다. 유전자의 정보를 읽어 내는 과정, 즉 유전자 DNA의 염기 서열 정보를 주형으로 짝이 정해져 있는 염기의 상보적 특성에 따라 뉴클레오타이드를 연결해 RNA를 만드는 과정을 전사(轉寫, transcription)라고 한다. 마치 유전 정보 염기 서열에 대한 사

전사
원하는 부분의
DNA 염기 서열을
RNA 형태로 읽어 낸다.

번역
RNA 염기 서열 정보에 따라
단백질을 합성한다.

그림 6 센트럴 도그마.
지구 생명의 근본 원리인 유전 정보 해독법

진을 찍어내는 것과 유사하다고 해 이렇게 명명되었다.

　　전사를 통해 유전자 염기 서열을 읽어 낸다는 것은, 유전체에서 유전자에 해당하는 정보가 있는 DNA 이중 나선 부분의 상보적으로 결합해 있는 두 가닥 염기 쌍을 푼 후 그 중 한 가닥의 DNA에 존재하는 유전자 염기 서열의 정보에 따라 상보적인 염기쌍이 되도록 RNA를 합성해 내는 것을 의미한다. 그러므로 전사가 진행되고 있는 유전자에서는 부분적으로 DNA 이중 나선이 풀리고 주형으로 작용하고 있는 DNA 한 가닥과 합성되고 있는 RNA의 염기가 서로 상보적으로 결합하고 있는 형태가 나타난다. DNA의 염기 A는 RNA의 염기 U와, T는 A와, C는 G와, G는 C와 상보적이다. 이렇게 유전자 DNA 염기 서열에 상보적으로 합성된 RNA는 유전 정보인 DNA의 염기 서열에 대한 상보적 염기 서열 정보를 담고 있어 유전자의 정보를 전달하는 매개체로서 기능을 수행한다.

　　유전자의 염기 서열에 상보적인 RNA가 합성되는 전사 과정이 끝나면 합성된 RNA는 DNA로부터 떨어져 나오고 전사 과정 동안 서로 잠시 벌어졌던 유전자 부분의 DNA 두 가닥은 다시 결합해 이중 나선을 회복한다. 유전자 부분의 DNA 정보에 따라 전사된 RNA는 8강에서 설명할 복잡한 단계를 거쳐 유전자에 대한 전령 RNA(messenger RNA), 즉 mRNA가 된다. 전사는 세포의 유전 정보가 있는 핵에서 일어나며 여기서 만들어진 mRNA는 세포질로 운반된다.

DNA는 생명 현상에 대한 정보로 작용하지만 생명 현상은 유전자에서 만들어지는 단백질의 기능에 따라 수행된다. 핵산의 뉴클레오타이드처럼 단백질은 아미노산이라는 단위체가 한 줄로 계속 연결되어 만들어진다. 지구에는 20종류의 아미노산이 존재하고 이들의 다양한 조합과 길이에 따라 생명 현상을 수행하는 데 필수적인 모든 단백질이 만들어진다. 근육과 머리카락, 음식물 소화 효소, 산소를 운반하는 헤모글로빈, 면역 반응을 유도하는 항체 등 주요 생체 기능은 대부분 단백질에 의해 수행된다.

유전자 염기 서열 정보에 따라 전사되어 만들어진 mRNA는 궁극적으로는 그 염기 서열에 따라 순차적으로 단백질을 구성하는 아미노산 서열에 대한 정보를 제공해 단백질 합성에 이용된다. 이 과정을 번역(translation)이라고 한다. DNA와 RNA 등 핵산이라는 물질 정보가 다른 종류의 화합물인 단백질로 바뀌는 과정이기에 '번역'으로 명명한 것 같다. 단백질을 합성하는 번역 과정은 세포질에 존재하는 리보솜(ribosome)이라는, 여러 단백질과 RNA가 결합해 이루어진 복합체에서 이루어진다. mRNA라는 정보의 컨베이어벨트를 리보솜이 지나가면서 이의 염기 서열에 해당하는 아미노산을 가져와 줄줄이 연결하는 과정으로 상상하면 이해가 될 것이다. 리보솜은 지구 생명체의 세포에 존재하는 단백질 생산 공장이라고 생각하면 된다. 유전자에서 그 정보의 최종 산물인 단백질이 만들어지면 유전자가 발현되었다고 한다.

DNA에서 mRNA가 만들어지고 mRNA 정보를 토대로 단백질이 만들어지는 센트럴 도그마만 이해하면 mRNA 백신의 원리를 이해할 수 있다. 생명체의 정교함을 생각해 보면 리보솜에서 번역이 이루어지는 과정도 매우 복잡하고 다양한 조절이 필요할 것을 예상할 수 있다. 번역 과정에 대한 설명은 9강에서 다시 자세히 다룰 것이다.

코로나19
mRNA 백신

4

mRNA 백신의 원리

　이제 여러분은 mRNA가 무엇이고 우리 몸을 이루는 세포에서 어떻게 작동하는지 이해하기 시작했을 것이다. 3강에서 유전자 발현 과정을 지배하는 센트럴 도그마와 그 과정에서 정보 전달자로 역할을 하는 mRNA의 기능에 대해 간단히 설명한 이유는 mRNA 백신에 대해 설명하기 위해서였다. mRNA 백신은 코로나19 팬데믹에서 효능을 처음 인정받은 백신이었다. mRNA 백신은 사람에게는 이번에 처음 사용되었지만 최근 몇 년간 웨스트나일바이러스나 댕기열바이러스처럼 모기를 통해 포유류에 전염되는 바이러스를 치료하기 위한 백신으로 쥐, 개, 고양이, 말 등을 대상으로 한 실험에서 상당한 효과가 입증되는 중이었다. 이러한 결과를 기반으로 독일 바이오엔테크(BioNTech SE)와 미국 화이자(Pfizer Inc.)의 공동 연구진과, 미국 국립 알레르기 전염병 연구소(National Institute of Allergy and Infectious Disease, NIAID)와 모더나 공동 연구진은 각각 빠르게 코로나19에 대한 mRNA 백신 개발에 착수해 성공을 거뒀고 팬데믹 선언이 난 지 1년도 안 된 2020년 11월과 12월 미국 FDA의 승인을 받아 곧바로 사용되었다. 백신의 역사상 처음 있는 일이었다. 그러나 mRNA 백신은 실험실에서 갑자기 만들어진 발명품이 아니다. 여러 과학자들의 기초 연구를 통해 지난 30여 년간 축적된 생명 과학에 대한 지식이 집약되어 나타난 결과물이었다.

3강에서 설명한 대로 mRNA는 생체 내 유전 정보로부터 실제 생명 유지에 필요한 단백질을 만드는 과정의 중간 매개체다. 이 mRNA 정보에 따라 세포 내 리보솜에서 단백질이 만들어진다. 그러므로 인위적으로 몸 밖에서 만든 mRNA를 우리 몸의 세포 안으로 넣어 준다면 마찬가지로 이 mRNA에 대한 단백질이 만들어질 것이다. 간단히 말해 이것이 mRNA 백신의 원리이다.

코로나19바이러스의 경우 바이러스의 유전 정보를 둘러싼 캡시드라 불리는 단백질 껍데기 밖에는 숙주 세포에 달라붙는 기능을 하는 돌출 단백질(보통 스파이크(spike)라고 불리는, 못처럼 뾰족하게 생긴 단백질)이 있다. 코로나19 백신은 이 돌출 단백질을 만들 수 있는 mRNA를 인위적으로 합성해 몸에서 단백질로 발현되도록 넣어 준 것이다. 이 mRNA가 몸속으로 들어와 그중 1개라도 다양한 조직에서 돌아다니고 있는 면역 세포(수지상 세포, dendritic cell) 안으로 들어간다면 단백질로 번역되어 만들어지는 과정이 일어날 것이다.

수지상 세포라는 면역 세포의 본래 기능은 외부에서 들어온 병원성 세균이나 바이러스를 처리해 그 물질의 일부를 세포막에 제시해 다른 면역 세포가 항체 형성 등 면역 반응을 수행하도록 돕는 것이다. 따라서 수지상 세포 내부로 들어간 코로나바이러스 돌출 단백질에 대한 mRNA는 단백질로 발현되어 이 세포를 둘러싸고 있는 세포막에 제시된다. 즉 우리 몸의 면역계에서 마치 몸에 코로나바이러스가 감염된 상황으로 인식할 수 있게 된다. 면역 세포에 발현된 바이러스의 단백질은 원래 우리 몸에 존재하는 단백질이 아니므로 아주 똑똑한 면역계, 정확히 말하면 후천 면역계(우리 몸은

1차 피부나 상처가 났을 때 1차 방어를 하는 침입하는 물질에 비특이적인 선천 면역계와 우리 몸을 침입했던 물질을 특이적으로 기억했다가 항체를 만들어 방어하는 후천 면역계로 나뉜다.)는 이 바이러스 단백질을 타자로 인식해 이에 대한 항체를 만들고 침입 물질을 기억하고 있게 된다. 이렇게 몸에서 바이러스 껍데기 돌출 단백질에 대한 항체가 만들어지면 진짜 바이러스가 침입했을 때 항체들이 바이러스 껍데기 돌출 단백질을 둘러싸 바이러스가 숙주 세포로 침입하지 못하도록 막는 역할을 할 수 있다.

mRNA 백신을 실제로 인체에 적용하는 것은 이처럼 간단하지는 않다. 이 과정을 어렵게 하는 몇 가지 이유가 있다. 첫 번째 이유는 1강에서 언급한 것처럼 우리 몸의 모든 세포는 RNA를 분해하는 효소(RNase)를 계속 만들고 분비하고 있다는 것이다. 따라서 백신으로 주입한 mRNA가 단백질로 번역되기 위해서는 우선 이 mRNA가 효소에 의해 분해되지 않도록 보호해 주어야 하는 것이다. 두 번째 이유는 우리 몸의 세포는 지질 성분으로 된 세포막으로 둘러싸여 있어 mRNA를 세포 안으로 쉽게 주입할 수 없다는 것이다.

세포를 둘러싸고 있는 세포막은 아파트의 벽이나 집의 담장이라고 볼 수 있다. 집 안팎을 구분하는 담장은 우리 몸의 70퍼센트 이상을 차지하는 물과 잘 어울리는 성질이지만, 담장 내부의 벽돌에 해당하는 부분은 지질, 즉 기름으로 이루어져 있다. 이산화탄소, 산소 같은 작은 기체를 제외한 물질이 통과하기 불가능하다. 특히 mRNA는 1강에서 설명한 대로 인산과 당 및 염기로 이루어진 뉴클레오타이드 단위체가 계속 한 줄로 연결되어 있어 인산은 음전하, 염기 쪽은 양전하를 띠는 친수성(親水性) 물질이다. 그래서 바깥쪽은 친수성이지만 안쪽은 소수성(疏水性)인 세포막의 인지질 이중막 구조를 통과하는 것이 불가능하다. 그러므로 mRNA를 쉽게 분해되지 않도록 하고 세포막을 통과해 세포 안으로 집어넣기 위해서는 세포막과 유사한 기름을 포함하는 성분으로 겉을 포장해야 한다. mRNA를 세포막을 투과할 수 있도록 싸주는 물질이 지질 나노 입자(lipid nanoparticle, LNP)이다. 코로나19바이러스 mRNA 백신도 LNP로 포장되어 우리 몸에 주사되었다. LNP의 크기는 일반적으로 100나노미터 정도로 바이러스 입자와 비슷하다. LNP는 mRNA뿐만 아니라 DNA나 거의 모든 약품 등 세포 안으로 전하를 띠거나 크기가 있는 물질을 넣어 줄 때 일반적으로 사용하는 방법이다.

외부에서 주입된 RNA가 RNase로 제거되지 않고 몸에 들어올 경우 57쪽에서 언급한 수지상 세포라는 면역 세포에게 외부의 침입자로 인식되어 인체에서 이에 대한 즉각적인 면역 반응이 일어난다. 그러므로 mRNA를 백신으로 사용할 때의 또 다른 큰 장애물은 우리 몸에 들어온 꽤 많은 양의 mRNA가 우리 몸의 1차 방어 기전인 선천 면역계를 활성화해 급성 염증 반응을 유도할 수 있다는 것이다. 화이자와 모더나에서 개발한 코로나19 mRNA 백신에는 이러한 염증 반응을 최소화하기 위해 mRNA를 구성하는 뉴클레오타이드의 네 가지 염기 중 유라실과 시토신 등 일부 염기를 변형시키는 방법이 적용되었다고 알려졌다.

mRNA를 변형시켜 수지상 세포에 의한 선천 면역 염증 반응을 현격히 감소시킬 수 있다는 결과는 미국 펜실베이니아 대학교의 커리코 커털린(Karikó Katalin, 1955년~)과 드루 와이스먼(Drew Weissman, 1959년~)이 2005년 처음 보고했다.[2] 이들의 연구 결과는 코로나19 mRNA 백신 개발을 가능하게 한 가장 중요한 발견이었으나 처음 보고되었을 때는 그 중요성이 제대로 인식되지 못했다. 그러나 mRNA 백신을 만들 때 mRNA를 안정화시키고 단백질로 발현되는 효율을 높이며, 그 자체에 의한 선천성 면역 염증 반응을 회피할 수 있도록 하는 mRNA의 변형이 매우 중요하다. 그래서 2010년 설립된 모더나의 회사명도 변형된 RNA(modified RNA)에서 따왔다고 알려졌다.

mRNA 백신 제조 과정

그렇다면 어떤 과정을 거쳐 mRNA 백신이 만들어지는 것일까? 일단 이 과정을 한눈에 볼 수 있도록 그림 7로 정리했다. 하나씩 살펴보자. mRNA 백신은 실험실에서 인위적으로 만들어진 mRNA를 이용한다. 코로나19 백신의 경우 바이러스 껍데기의 돌출 단백질에 대한 정보를 이용했으므로 mRNA 백신을 만들기 위한 첫번째 단계로 먼저 이 돌출 단백질에 대한 DNA 염기 서열 정보를 확보해야 한다. 코로나19바이러스는 RNA를 유전 정보로 갖는 바이러스이므로 이 바이러스의 RNA 염기 서열을 이용해 거꾸로 이에 해당하는 이중 나선 DNA를 실험실에서 효소 반응을 통해 만든다. 이 반응은 여러 분자 생물학 실험실에서 일반적으로 사용하는, 잘 알려진 과정이다.

이렇게 만들어진 돌출 단백질 유전 정보를 갖는 DNA를 주형으로 실험실에서 세포 내에서 일어나는 전사와 유사한 과정을 통해 mRNA를 제조한다. 이 과정에 필요한 효소들을 이미 바이오테크 회사들이 개발해 제품으로 팔고 있고 이들을 이용해 시험관에서 아주 많은 수의 돌출 단백질에 대한 정보를 갖는 mRNA를 합성해 만들어 낼 수 있다.

많은 mRNA가 만들어지면 다음으로는 인위적으로 만들어진 mRNA가 백신으로 몸에 주입되었을 때 제대로 단백질 생성을 위한 매개체로 작동할 수 있도록 세포 내에서 mRNA가 만들어질 때와 유사한 변형 과정을 거친다. 물론 모든 mRNA 변형 과정 또한 효소 반응으로 실험실에서 진행된다. (8강에서 전사 과정에서 DNA로부터 전사된 RNA가 mRNA로 완성되기 위해 필요한 다양한 보정이 일어나는 것을 공부할 것이다.) 간단히 이야기하면 mRNA의 안정성을 증가시키기 위해 캐핑(capping, 캡 형성)과 poly-A 꼬리 붙이기(tailing, 테일링)라는 보정을 거친다.

9강에서 mRNA의 번역 과정을 자세히 다룰 예정이지만, mRNA의 앞부분(5′)과 뒷부분(3′)에는 실제 단백질의 아미노산으로 번역되지 않는 10개 내외의 뉴클레오타이드로 구성된 번역되지 않는 부분, UTR(untranslated region)가 존재한다. 5′ UTR 부분은 단백질 합성 공장인 리보솜이 쉽게

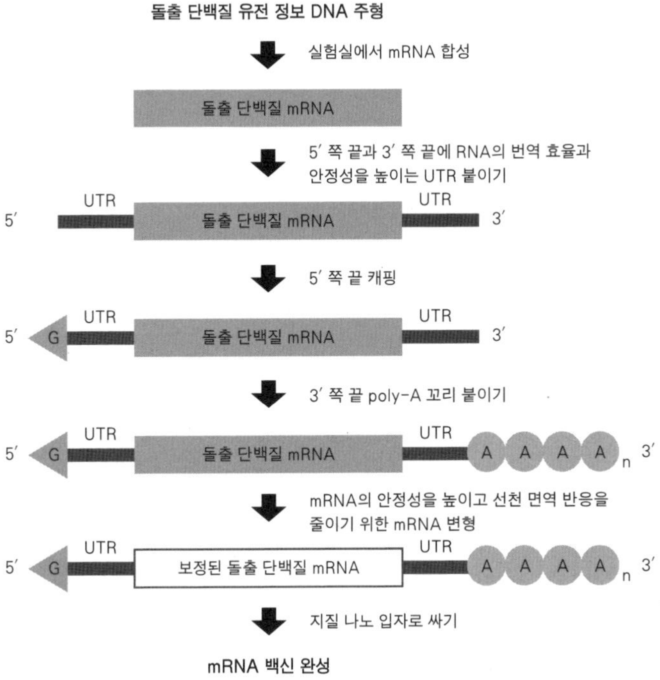

그림 7　코로나19 mRNA 백신으로 이용한 코로나19바이러스의 돌출 단백질에 대한 mRNA와 백신 제조 과정.

mRNA에 붙도록 한다. 우리 몸에 있는 유전자에는 그 염기 서열에 5′ 및 3′ UTR가 포함되어 있다. 그러나 코로나바이러스 돌출 단백질 정보에 해당하는 DNA를 합성해 이를 주형으로 만들어 낸 mRNA는 UTR를 갖고 있지 않으므로 단백질로 번역되는 효율을 높이기 위해 인위적인 UTR 서열도 mRNA에 덧붙인다. 또한 mRNA의 안정성을 높이고 생체 내에서의 선천성 면역 반응을 감소시키기 위해 mRNA의 특정 염기들을 변형한다.

　마지막으로는 완성된 mRNA를 만들고 보정하고 변형하기 위해 사용되었던 주형의 DNA와 다양한 생화학 반응에 사용되었던 효소 등의 물질을 제거함으로써 백신으로 사용할 mRNA만을 깨끗이 정제한다. 생체 밖에서 mRNA를 만들기 위해 사용된 여러 물질이 mRNA와 함께 백신으로 생체로 주입되면 이들도 여러 염증 반응을 유도할 수 있기 때문이다.

　이렇게 합성 후 정제된 mRNA는 뼈대를 형성하는 인산 부분이 음전하를 띠고 있다. 따라서 RNase에 의한 분해를 막고 세포막을 투과해 세포 안으로 잘 전달하기 위해 양전하를 띠는 지질인 LNP로 싸야 백신으로서 완성된다.

전령 RNA
합성의 역사

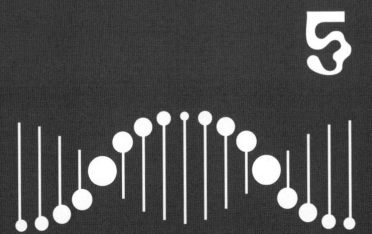

5

생체 밖에서의 mRNA 합성

분자 생물학 실험실에서 한 번이라도 연구를 해 본 적이 있다면 대부분 RNA가 얼마나 다루기 힘든 불안정한 물질인지 잘 안다. 그래서 이런 불안정한 RNA를 백신으로 만든다는 것은 처음에는 굉장히 모험적인 발상이었다.[3] mRNA 백신의 시작을 어디로 보아야 할지 학자마다 의견이 다를 수 있으나, 나는 원하는 유전자에 대한 mRNA를 실험실에서 합성하는 방법을 개발한 데에서 시작되었다고 생각한다.

이 방법은 백신과는 연관이 없는 미국 하버드 대학교 발생학 연구실에서 처음 시작되었다. 개구리를 모델로 척추

동물의 초기 발생 과정을 연구하던 더글러스 멜턴(Douglas Melton, 1953년~) 연구실에서 폴 크리그(Paul A. Krieg) 박사가 1984년 개발한 것이다. 개구리 수정란의 초기 발생에서 중요한 기능을 수행하는 유전자를 모체가 수정란에 mRNA 형태로 넣어 주는데, 크리그는 그 유전자의 정확한 기능을 확인하는 연구를 하고 있었다. 이들은 이 유전자에 대한 DNA 유전자 정보와 바이러스에서 얻은 RNA 생성 관련 효소들을 이용해 실험실에서 mRNA를 만들어 냈다.[4] 그리고 이 mRNA를 주사기로 개구리 알에 찔러 넣어 초기 발생 과정에서 수행하는 기능을 확인할 수 있었다. 즉 생체 밖에서 인위적으로 만든 mRNA를 생체에 다시 집어넣어도 생체 내의 mRNA처럼 기능을 수행할 수 있음을 처음 보인 것이다.

실험실에서 원하는 유전자의 mRNA를 합성하는 방법은 이들이 처음 발견한 후 유전자의 기능을 연구하는 대부분의 분자 생물학 연구실에서 유용하게 사용되었다. 그러나 멜턴 교수 연구실의 누구도 이 방법이 mRNA 백신 개발로 이어지는 첫 번째 단계라고는 생각하지 못했다. 그렇기에 이들은 특허도 내지 않았고, 이 방법을 분자 생물학 실험에 필요한 효소 등 실험 재료를 만들어 공급하는 기업인 프로메가

(Promega Coorporation)에 대가 없이 넘겨주었다. 심지어 대학 내에서 생산된 연구 성과의 특허와 기술 개발을 관장하는 하버드 대학교의 기술 개발 사무실도 이 방법에 대해 특허를 내도록 권유조차 하지 않았다고 한다. 나는 이러한 이야기가 당장 응용 가능성이 없어 보이는 기초 연구가 시간이 흐르면서 얼마나 중요할 수 있는지를 보여 주는 좋은 예가 아닌가 생각한다.

합성된 mRNA의 세포 내부 전달

4강에서 mRNA는 인산과 당 및 염기로 이루어진 뉴클레오타이드 단위체가 계속 하나의 줄로 연결된 것으로 음전하와 양전하를 갖기에 기름으로 이루어진 세포막의 중간 부분을 통과하는 것이 불가능하다고 설명했다. 그렇기에 mRNA를 백신으로 개발하기 위한 다른 중요한 발견은 mRNA를 세포 안으로 집어넣는 방법에 관한 것이 되었다.

1987년 미국 캘리포니아 샌디에이고 소크 연구소(Salk Institute)의 대학원생 로버트 월리스 말론(Robert Wallace Malone, 1959년~)은 실험실에서 만든 mRNA와 기름 방울을 넣어 흔든 후 세포와 섞었을 때 mRNA가 세포 내부로 들어

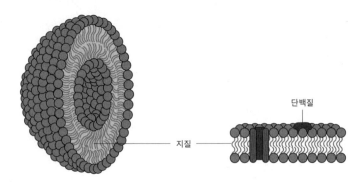

단백질

지질

세포 내부로 친수성 물질
수송을 위해 세포막과
유사한 성분, 유사한 구조를
갖도록 만든 리포솜

세포 내부나 외부를 면하는 쪽은
친수성, 내부는 소수성인 세포막

그림 8 리포솜과 세포막의 구조.
리포솜은 세포막과 비슷한 구조를 갖기 때문에 양쪽성을 갖는 세포막 너머로 화학
물질을 수송하는 데 이용할 수 있다.

가 발현되는 것을 처음으로 관찰해 보고했다.[5] 또한 그는 멜턴 연구실에서 개발한 방법으로 루시페레이스(luciferase)라는 효소에 대한 mRNA를 만들었다.

　루시페레이스 효소는 세포 내 특정 기질과 반응해 색깔을 내는 물질을 만드는 반응에 대해 촉매 작용을 한다. 따라서 이 효소에 대한 mRNA가 단백질로 만들어졌는지는 세포를 배양하는 배지에 루시페레이스의 기질을 넣어 준 후 색깔 변화를 확인하면 쉽게 알 수 있다. 이런 이유로 루시페레이스의 mRNA를 사용했던 것 같다.

　말론은 만들어진 루시페레이스 mRNA에 인체 세포막 성분과 유사한 친수성 부분과 소수성 부분을 모두 갖는 기름을 넣고 흔들면 mRNA를 둘러싸고 인공적으로 세포막과 유사한 리포솜(liposome)[6] 구조가 만들어질 수 있음을 확인했다. 이렇게 루시페레이스 mRNA를 둘러싼 리포솜을 NIH3T3라는 쥐 세포와 섞었을 때 쥐 세포에서 루시페레이스가 발현됨을 확인할 수 있었다. 그리고 이 실험실에서 만든 루시페레이스 mRNA를 기름으로 둘러싸고 세포와 섞어 주기 전에 캐핑시키고 다른 유전자에 있는 5′ UTR를 붙여 주는 mRNA의 보정을 거치면 세포에서 mRNA가 단백질로 발현되는 효율이 1,000배 이상 높아지는 것도 확인했다.

이 실험은 mRNA를 리포솜이라는 기름 방울에 싸서 세포로 집어넣는 최초의 시도였고 mRNA를 백신으로 개발할 수 있는 가능성을 처음 보인 실험이라고도 볼 수 있다. 아마도 이 실험을 처음 고안하고 실행했던 말론은 mRNA를 치료제나 백신 개발에 응용하는 가능성을 꿈꾸었는지도 모르겠다. 그러나 여러 차례 언급한 것처럼 mRNA는 매우 불안정한 물질이고 또 리포솜도 오래 유지될 수 없는 구조였기에 실험실에서 배양하는 세포가 아닌 생체에 직접 투여해 생체 세포로 mRNA를 전달하는 것은 방법적으로 거의 불가능했다. 실제로 세포로 mRNA가 전달되는 효율은 거의 mRNA 분자 1만 개당 1개 정도의 효율이었다고 한다. 이런 기술적인 장애로 mRNA를 직접 생체에 삽입해 백신이나 치료법으로 이용하고자 하는 가능성에 대한 연구는 그 후 거의 중단되다시피 했다.

세포 내 mRNA 전달 방법의 개선

처음 mRNA를 세포 내로 주입하는 데 성공적으로 사용되었던 리포솜은 불안정성이 그 한계였다. 사실 리포솜은

mRNA 백신을 위해 개발된 방법이 아니다. 리포솜을 이용한 방법은 생체 내 세포에 핵산이나 단백질, 다양한 화합물로 이뤄진 약(藥) 같은 원하는 물질을 집어넣을 수 있는 거의 유일한 방법으로서 지난 30여 년에 걸쳐 계속 발전되어 왔고 또 지금도 혁신이 계속되고 있다. 리포솜을 통한 세포 내 물질 전달은 제약 분야나 화장품 산업 등의 중요한 과제이다. 다양한 치료제나 약으로 작용할 수 있는 물질을 생체 조직의 세포 내로 효율적으로 전달하는 약물 전달이 치료의 성패를 좌우하기 때문이다.

리포솜을 1세대 세포 내 약물 전달 방법이라고 한다면 다양한 기름에 해당하는 지질을 여러 입자와 조합해 리포솜을 안정화해 전달 효율을 높인 약물 전달 방법인 LNP 기술이 있어야 일반적인 약의 효율을 높일 뿐 아니라 mRNA 백신 및 유전자 치료 등 외부 물질을 세포 내부로 집어넣어 세포를 변화시키는 모든 치료 방법이 가능해진다. 실제로 mRNA를 직접 생체에 삽입해 백신이나 치료법으로 이용하고자 하는 연구는 거의 중단되다시피 했다가 2000년대 이후 LNP 기술이 발전해 mRNA 등을 세포 내부로 전달할 수 있는 기술이 가능해지면서 다시 시작되었다. 바이오엔테크와 모더나 역시 각각 2008년과 2010년에 설립되었다.

인체 내 아무 세포가 아닌 원하는 표적 세포에 정확히 약물을 전달하는 LNP 기술은 아직은 효율이 아주 높지 않은 단계이지만 표적 항암 치료, 유전자 치료 등 미래 제약 및 의료 산업에서도 가장 중요한 핵심 분야가 될 것이다. 투자 문외한이지만, 누가 내게 바이오 벤처 중 어느 회사에 투자하는 것이 좋겠는지 묻는다면, 현재 여러 기업에서 개발 중인 대부분의 약, 치료법, 화장품 등의 효율을 결정하는 기반 기술인 LNP나 유사 기술 개발과 혁신에 목표를 둔 회사에 투자하라고 조언할 듯싶다.

인체 면역 반응을 최소화할 mRNA의 변형

4강에서 잠깐 언급한 것처럼 백신을 비롯해 mRNA를 치료제로 사용하는 것을 가로막는 또 하나의 큰 장벽은 mRNA를 생체로 주입했을 때 발생하는 1차 면역, 즉 선천성 면역 반응인 염증 반응이다. 이 반응에 따라 몸에 주입된 mRNA는 체내에서 세포 내부로 전달되기 전 염증 반응을 일으키고 빠르게 제거되기 때문이다. 또 급속한 염증 반응은 때에 따라 인체에 치명적인 영향을 줄 수 있다.

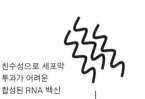

친수성으로 세포막
투과가 어려운
합성된 RNA 백신

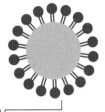

세포막 성분과
유사해 세포막과
융합할 수 있는
LNP

mRNA를 둘러싼
지질 나노 입자(LNP)

그림 9 지질 나노 입자(LNP)로 RNA를 감싸면 세포막 너머 세포 속으로 백신을 투입할 수 있게 된다.

헝가리 출신의 여성 과학자 커리코 박사는 1990년대부터 치료제로서의 mRNA의 가능성에 주목했다. 그녀는 실험실에서 만들어진 mRNA의 구성 성분인 뉴클레오타이드를 변형시켜 인체의 선천성 면역 반응을 회피할 수 있도록 하는 연구에 몰두했다. 원래 정규직 교수로 펜실베이니아 대학교에 임용되었으나 즉각적인 연구 성과가 없어 종신 고용에서 탈락하고 비정규직 교수로 강등되어 월급도 삭감되는 어려운 상황에서도 이 연구를 계속했다고 한다. 커리코의 연구는 펜실베이니아 대학교에 새로 부임한 면역학 교수인 와이스먼과의 공동 연구로 마침내 의미 있는 결과를 얻을 수 있었다. 커리코는 세포의 mRNA의 번역 과정에서 아미노산을 운반하는 역할을 하는 운반 RNA(transfer RNA, tRNA)는 선천 면역 반응을 일으키지 않는다는 데 착안해 tRNA에 존재하는 여러 변형된 형태의 뉴클레오타이드를 인공적으로 합성한 mRNA에 적용했다. 그리고 마침내 2005년 mRNA를 구성하는 염기 유라실을 포함하는 유리딘(uridine) 뉴클레오타이드를 변형시켰을 때 염증 반응이 확연히 줄어듦을 확인했다. 그러나 당시는 백신이나 치료법으로서 mRNA의 가능성에 대한 이해가 없던 시기라 이 논문은 《사이언스(Science)》

나 《네이처(Nature)》,《셀(Cell)》 등 유수의 과학 잡지에도 실리지 못했으며 초기에는 크게 인정받지 못했다.

커리코와 와이스먼은 이 연구 결과로 mRNA를 질병 치료에 이용할 수 있다는 확신을 얻은 것으로 보인다. 연구비 조달에 어려움을 겪던 이들은 펜실베이니아 대학교 내에 작은 바이오 벤처 회사 RNARx를 설립하고 2005년 발표한 연구를 더 진전시켜 2008년 유리딘을 변형한 유사 유리딘(pseudouridine)을 이용해 세포 내 면역 반응을 회피할 수 있는 mRNA 개발에 성공한다. 이 기술이 바로 이번 코로나19 mRNA 백신 개발에 사용된 핵심 기술이다. 또 2012년 바이러스 치료에 변형시킨 유리딘을 갖는 mRNA를 이용하는 기술에 대한 특허를 받는다.

그러나 투자자들은 이 기술의 진가를 알아보지 못했고 RNARx는 투자자를 구하지 못해 연구비가 없어 애를 먹었다고 한다. 이 연구에 대한 특허권을 갖고 있었던 펜실베이니아 대학교도 이 특허의 가치를 내다보지 못했다. 그래서 펜실베이니아 대학교는 특허의 독점 사용권을 2010년 실험실에 필요한 물품을 공급하던 작은 회사 mRNA 리보테라퓨틱스(mRNA RiboTherapeutics)에 30만 달러라는 헐값(?)에 넘겨

주었다. 이 회사로부터 권리를 넘겨받은 셀스크립트(Cellscript LLC)는 바이오엔테크와 모더나에 이 특허의 사용을 허락해 주는 대가로 수억 달러의 특허 사용료를 받았다. 앞으로 mRNA가 다양한 백신이나 치료법 개발에 사용된다면 더욱더 유용해질 매우 중요한 연구 결과이자 특허권이었다.

다른 한편에서는 커리코와 와이스먼이 발견한 mRNA 변형이 크게 효과적이지 않다는 반론도 있다. mRNA 변형에 관한 연구는 아직 완결된 연구가 아니다. 현재도 mRNA를 구성하는 특정 뉴클레오타이드를 변형시켜 안정성을 높이고 염증 반응을 회피하게 할 수 있는 mRNA의 다른 변형이나 더 효과적인 변형에 대한 연구가 여러 생명 과학 연구실에서 진행 중이다.

인체 내 염증 반응을 회피할 수 있는 mRNA 변형의 중요성을 처음 인식한 것은 당시 하버드 대학교 의과 대학과 보스턴 아동 병원의 조교수였던 줄기 세포 연구자 데릭 로시 (Derreck Rossi, 1966년~)였다. 로시의 연구실은 유도 만능 줄기 세포를 환자에게 필요한 세포로 다시 분화시켜야 하는 치료법 개발 과정에서 효율이 매우 낮은 기술적 한계를 타개하기 위해 mRNA를 사용하는 방법을 고안했다.[7] 그의 연구 그

룹은 실험실에서 합성된 mRNA를 사용해 유도 만능 줄기 세포를 근육 세포로 다시 분화시킬 수 있음을 보였다.[8] 그는 이렇게 합성된 mRNA가 줄기 세포 연구와 치료법 개발에 응용할 수 있는 유용한 방법이 될 수 있음을 기반 기술로 해, 2010년 동료들과 투자 회사의 도움으로 모더나를 설립한다. 그리고 mRNA를 백신이나 치료제로 개발할 수 있도록 커리코와 와이스먼이 발견한 인체 내에서 염증 반응 회피에 필요한 mRNA 변형 방법에 대한 특허 사용권을 확보했다.

또한 mRNA 백신과 치료제 생산을 목표로 모더나보다 2년 먼저 독일에 설립된 바이오엔테크도 mRNA 변형 기술의 중요성을 인식해 직접 이 연구를 수행해 결과를 얻었지만 펜실베이니아 대학교에서 크게 인정받지 못하고 있던 커리코 박사를 연구소장으로 모셔 갔다. 이러한 특허를 기반으로 다국적 의약품 기업인 화이자와 손잡은 바이오엔테크, NIAID와 공동 연구를 수행한 모더나는 코로나19바이러스의 유전자 염기 서열이 공개되자마자 빠르게 mRNA 백신을 개발할 수 있었다.

아직 완벽하지 않은 mRNA 백신 기술

mRNA 백신의 장점

일반적으로 바이러스는 DNA나 RNA의 유전 물질을 캡시드가 싸고 있는 모양이다. 코로나19에 대한 mRNA 백신이 개발되기 이전 바이러스 백신은 크게 두 종류였다. 효과를 약하게 만든 바이러스를 직접 주입하거나 바이러스의 유전 정보를 둘러싸고 있는 껍데기에 있는 단백질을 만들고 정제해 주입하는 것이었다. 바이러스를 둘러싸고 있는 껍데기에 있는 단백질은 우리 몸에서 가장 먼저 외부 물질로 인식되어 면역 반응을 일으킬 수 있기 때문이다.

그런데 두 종류의 백신은 모두 만드는 데 상당한 시간

이 걸린다. 약화된 바이러스를 직접 주입하는 경우 진짜 바이러스보다 인체에서 유발하는 증세가 약화된 바이러스의 유전 정보를 설계하고 이 유전 정보를 갖는 바이러스를 세포나 달걀 등에 감염시켜 대량으로 바이러스를 만들어 내고 정제하는 과정이 오래 걸리기 때문이다. 또한 바이러스가 빠르게 변이를 일으키면 변이 바이러스에 대한 약화된 바이러스의 설계부터 다시 시작해 이 과정을 되풀이하므로 변이 바이러스에도 신속히 대응하기 어렵다.

바이러스 껍데기에 존재하는 단백질을 이용하는 단백질 백신도 마찬가지다. 살아 있는 세포를 이용해 원하는 단백질을 발현시키고 정제하는 과정은 시간이 많이 든다. 또한 바이러스의 껍데기 단백질에 변이가 만들어지면 이 과정을 되풀이해야 한다. 그래서 특정 전염성 질환에 대한 백신을 만드는 플랫폼 구축에 시간과 비용이 많이 필요했다.

실제로 이번 코로나19 mRNA 백신이 나오기 이전까지는 다양한 예방 주사 백신들은 처음 개발하고 그 안정성을 입증하는 데 보통 10년 이상의 시간이 소요되었다. 이에 비해 mRNA 백신의 가장 큰 장점은 mRNA 자체가 우리 몸에서 생명 현상을 유지하는 데 중요한 기능을 하는 물질이므로 그 자체로서 큰 독성이 없다는 것이었다. 또한 mRNA는 세포 내에서 쉽게 분해되므로 효과가 한시적이라는 장점이 있다. 단백질보다 쉽게 설계하고 실험실에서 합성해 정제할 수 있기에 빠르게 만들 수 있는 신속성과 변이에도 유연하게 대처할 수 있다는 장점도 있다.

mRNA 백신은 바이러스 유전 정보에 대한 염기 서열만 있으면 빠르고 쉽게 설계하고 만들 수 있다. 코로나19바이러스의 경우 2020년 1월 10일 중국에서 RNA를 유전 정보로 하는 코로나19바이러스의 유전자 염기 서열이 공개되자마자 빠르게 바이러스 껍데기의 단백질에 대한 유전 정보를 이용해 껍데기 단백질을 발현시키는 mRNA 백신을 설계할 수 있었다. 모더나는 코로나19바이러스 유전자 정보 공개 후 48시간 이내에 백신을 설계했다고 알려졌다.

또 4강에서 언급한 대로 mRNA 백신을 만드는 과정은 생각보다 간단하다. 바이러스 껍데기 단백질에 대한 RNA 염기 서열 정보를 기반으로 이에 해당하는 DNA를 합성하고 이 DNA를 코로나 감염 여부를 진단할 때도 많이 사용했던, DNA를 증폭시키는 연쇄 반응 PCR를 통해 증폭시킨다. 그후 멜턴 실험실에서 처음 개발했듯 DNA로부터 mRNA를 합성하는 생화학 반응을 통해 껍데기 단백질에 대한 mRNA를 계속 만들어 정제하면 된다. 이러한 방법으로 모더나는 염기 서열 발표 25일 만에 임상 시험에 필요한 코로나19 mRNA 백신을 만들어 낼 수 있었다. 또한 바이러스에 대한 변이가 생긴다면 변이가 유발된 부분의 염기 서열만 알면 금방 다시 이 변이된 염기 서열을 포함하는 껍데기 바이러스에 대한 DNA를 합성하고 PCR로 증폭해 쉽게 변이체에 대한 mRNA 백신을 만들어 낼 수 있다. 이러한 이유로 mRNA 백신은 제조가 빠르고 또 바이러스 변이체에 대해서도 빠르게 대처할 수 있는 유연성을 갖는다.

mRNA 백신을 제조하는 이 초기 과정은 대부분의 분자 생물학 실험실에서도 늘 수행되는 일반적인 과정으로 기술적으로 어렵지 않다. 따라서 백신 생산을 위한 플랫폼 구축에 많은 비용이 필요하지 않은 장점도 있다. mRNA 백신은 보통 대학 연구실 규모의 작은 실험실의 소규모 설비로도 생산이 가능하고 백신 생산량도 유연하게 조절할 수 있다. 기존 약화된 바이러스 백신이나 단백질 백신에 비해 백신 설계 및 생산 비용과 시설 투자가 적고 소규모로도 제작할 수 있는 이런 장점 덕분에 mRNA 백신은 앞으로 현재는 감염되는 환자가 적어 제약 회사들이 투자 대비 시장성 때문에 만들지 못하고 있는 다양한 전염병의 백신을 만드는 데도 유용하게 사용될 수 있을 것으로 기대한다.

mRNA 백신 기술의 한계

이렇게 장점이 많은 mRNA 백신 기술이지만 그에 못지 않은 기술적 한계도 갖고 있다. 이러한 기술적 한계 때문에 코로나19 이전에는 실용적으로 사용되지 않다가 팬데믹이라는 긴박한 상황 덕분에 빠르게 허용될 수 있었다. 처음 사용된 mRNA 백신의 가장 큰 기술적 한계는 이미 설명한 대로 인체에 투입되었을 때 mRNA의 안정성을 높이고 염증 반응을 줄일 수 있는 mRNA 변형 기술과 세포 내로 mRNA를 전달하는 효율을 높일 수 있는 LNP기술의 개선이 필요하다는 것을 들 수 있을 것이다.

실제로 사용되었던 코로나19 mRNA 백신의 가장 큰 취약점은 온도에 대한 불안정성이었다. 기존 약화된 바이러스나 단백질 백신들은 섭씨 4도에 냉장 보관하거나 백신에 따라 상온에서도 보관할 수 있었다. 그러나 이번에 개발된 mRNA 백신들은 섭씨 −20도 냉동고에서 유통하고 보관해야 하고 심지어 화이자 백신의 경우에는 초저온인 −70도에서 보관 및 유통되어야 하는 문제가 있었다. mRNA 백신에 초저온이 필요한 이유는 상대적으로 열에 안정하다고 알려진 핵산인 mRNA 때문이 아니라 생체 세포에 이 mRNA를 전달하기 위해 mRNA를 싸서 포장한 LNP의 불안정성 때문이라고 추측된다.

또 LNP의 특정 성분이 인체에서 혈관에 축적되어 부작용을 일으킬 가능성도 제기되었다. 그러므로 궁극적으로 mRNA를 이용하는 백신 기술이 성공하려면 인체의 세포 내로 물질을 전달하는 효율은 증가시키고 인체에는 해가 없으며 구조적으로는 안정적인 지질 나노 입자의 개발이나 이를 대체할 수 있는 새로운 기술을 개발하는 것이 가장 큰 과제라고 할 수 있겠다. 아직 기존 기술의 효율이 크지 않고 반드시 개선이 필요한 분야이면서, 만약 좋은 방법만 찾아낸다면 무궁무진한 응용 가능성이 있는 분야이기도 하다.

이번에 사용된 mRNA 백신은 인체 내부에 들어갔을 때 쉽게 분해될 가능성이 있어 상대적으로 많은 양을 투입해야 하는 한계로 여러 가지 부작용의 원인이 되었다. 따라서 최근에는 세포 안으로의 유입 효율이 낮은 mRNA 백신의 한계를 극복하기 위한 새로운 방법이 시도되었다. 백신으로 투입하는 mRNA 내부에 만들고자 하는 단백질에 대한 정보뿐 아니라 자체적으로 mRNA를 복제할 수 있는 효소 레플리카제(replicase)에 대한 정보도 함께 넣어 주는 방법이다. 이렇게 만들어진 mRNA를 지질 입자로 싸서 인체에 넣어 주면 단 한 조각의 mRNA만 세포로 들어가도 이 효소가 발현되어 mRNA 내 항체 생성에 이용될 단백질에 대한 유전 정보에 해당하는 부분을 복제하도록 한 것이다.

이 방법은 자기 증식이 가능한 자가 증폭형 RNA(self-amplifying RNA, saRNA)라고도 불리며, 미국의 아크투루스 테라퓨틱스(Arcturus Therapeutics)와 오스트레일리아의 CSL(Commonwealth Serum Laboratories), 두 바이오테크 회사의 공동 연구로 개발되었다.[9] 2023년 12월 일본은 전 세계에서 처음으로 saRNA 방법으로 만들어진, 급성 호흡기 증후군(severe acute respiratory syndrome, SARS)을 일으키는 코로나바이러스에 대한 백신 ARCT-154를 허가했다. 이처럼 mRNA 백신의 기술적 어려움을 극복하려는 여러 시도가 세계적으로 계속되고 있다.

미래의 치료제

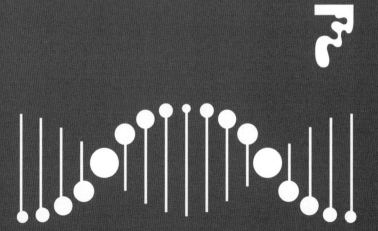

mRNA 항암 치료제 및 암 백신

코로나19 팬데믹 상황으로 인해 mRNA가 바이러스 백신 개발에서 먼저 두각을 나타냈지만 사실 mRNA의 응용 가능성을 염두에 두고 연구한 연구자들은 대부분 mRNA를 암 치료법에 활용하는 데 더 관심이 많았다. 바이오엔테크와 화이자, 모더나도 mRNA를 기반으로 한 항암 치료제·치료법 개발을 목표로 연구를 진행해 오던 회사들이고, 이 과정에서 축적된 mRNA 기술로 빠르게 코로나19 백신을 개발할 수 있었다. 지난 10여 년간 규모는 작지만 mRNA를 이용해 암을 치료하고자 하는 시도가 계속되었고 그중 일부는 긍

정적인 가능성을 보여 주기도 했다. 따라서 코로나19 mRNA 백신의 성공은, 그러니까 밖에서 합성해 넣어 준 mRNA가 인체에서 성공적으로 작동한다는 결과는 mRNA 항암 치료 제·치료법 개발 연구에 더 큰 관심을 불러일으키고 있다. 나아가 mRNA를 암을 예방하는 항암 백신 개발에 응용하고 자 하는 움직임에도 박차를 가하고 있다.

mRNA를 항암제나 백신으로 사용하려면?

암은 유전 정보의 변이로 인한 질환이다. 즉 우리 몸 에 암을 일으키는 유전자가 따로 있는 것이 아니라 매일 생 명 현상을 유지하기 위해 사용하고 있는 다양한 유전자들이 (흡연, 방사선, 자외선, 음식, 바이러스 침입, 생활 습관 등) 여러 가지 이유로 변이를 일으켜 제대로 기능을 하지 못할 때 발생한다. 유전 정보의 변이라는 의미는 원래 유전자가 갖고 있는 염기 서열이 바뀌어서 이 정보에 따라 만들어지는 단백질을 구성 하는 아미노산이 바뀌고 결과적으로 원래 단백질과는 다른 단백질이 만들어진다는 의미다. 물론 하나의 유전자 변이가 금방 암을 일으키지는 않는다. 그러나 세포의 자기 복제와 유 전 정보의 안정성을 유지하는 데 중요한 기능을 하는 다양한 유전자들의 변이가 점차로 축적되면 암의 원인이 된다. 따라서 암 환자의 암 조직에 있는 세포들은 원래 있던 유전 정보와는 다른 변이를 통해 바뀐 정보를 갖고 있다. 이런 결과로 암세포에서는 정상 세포와는 다른 변이 단백질이 발현되고 또 정상 단백질도 발현 양이 변한다.

암이 유전자 변이가 축적된 결과라는 사실에서 mRNA를 이용하는 항암 요법이 출발한다. 첫 번째 단계는 암 조직에서 변이된 유전자들을 찾고 이 유전자에서 전사와 번역 과정을 통해 만들어진 변이된 단백질들을 분석하는 것이다. 암세포에서 변이된 단백질 중 구조적으로 가장 강한 면역 반응을 유도할 수 있는 단백질을 찾아낸 후에 이 변이 단백질에 대한 유전자를 확보하는 것이 다음 단계다. 이렇게 암 조직에서 변이를 통해 변형되어 면역 반응을 잘 유도할 수 있는 단백질의 유전자가 확보되면 코로나19 백신을 만드는 것과 같은 방법으로 실험실에서 이 유전자에 대한 mRNA를 합성을 통해 만들어 내고 LNP로 포장해 인체에 주사할 수 있다. 주사된 mRNA는 코로나19 mRNA 백신과 유사하게 조직의 면역 세포(수지상 세포) 안으로 들어가 이 변형된 단백질을 만들어 낼 수 있도록 번역 과정을 유도한다. 면역 세포에서 암 조

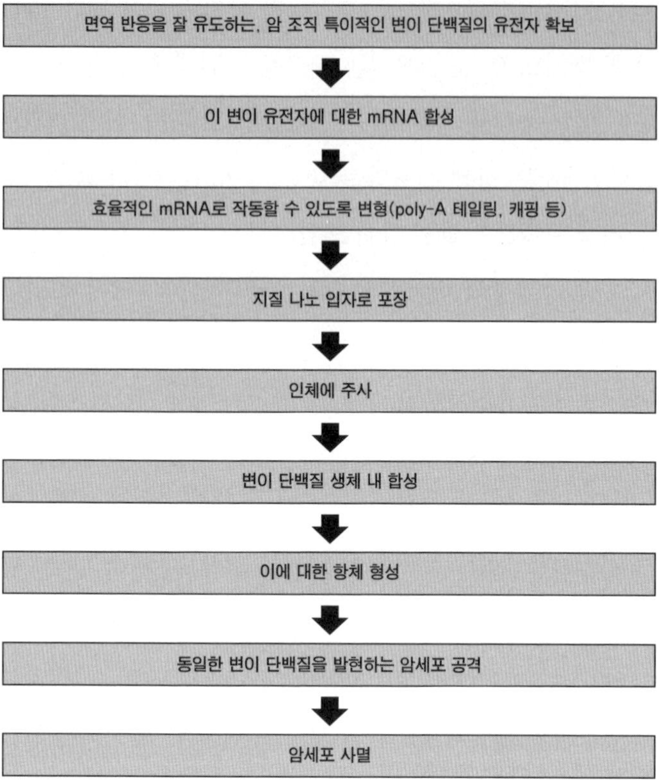

그림 10 mRNA 암 치료법의 원리.

직의 변형된 단백질이 만들어지면 면역 세포는 이를 세포 표면에 제시하고, 우리 몸의 후천 면역계는 정상 세포에서는 발현되지 않고 암 조직에서만 발현되는 이 변이 단백질을 외부 물질로 인식해 이 단백질에 대한 항체를 많이 만들어 낸다. 이렇게 만들어진 항체는 이 변이 단백질을 만드는 암 조직의 세포들을 공격해 암세포들을 죽게 만들 수 있다. 따라서 암 조직 특이적으로 발현되는 변이 단백질에 대한 유전자의 정보를 갖고 있는 mRNA를 주입해 이를 매개로 만들어진 항체는 암세포만을 공격하는 유용한 암에 대한 치료법이 될 수 있을 것이다. (이 과정을 정리한 것이 그림 10이다.)

mRNA 암 치료법의 장점

아직 실용화되지는 않았지만, mRNA를 이용한 암 치료법이 개발된다면 가장 큰 장점은 암 조직 특이적인 표적 치료가 가능하다는 것이다. 암세포 특이적으로 변이된 단백질에 대한 항체는 암세포에 발현된 변이 단백질만을 표적으로 하므로 몸을 구성하는 암 조직이 아닌 일반적인 다른 세포에 거의 피해를 주지 않을 수 있기 때문이다. 즉 현재 주요 암 치료법인 방사선 치료(radiation therapy), 항암제를 사용하는 화학 치료(chemotherapy), 그리고 최근에 큰 호응을 얻고 있는 면역 치료(immunotherapy)까지 이들의 한계는 모두 암 조직 특이적인 표적 치료가 불가하다는 것이었다. 이러한 치료법들은 암세포뿐 아니라 정상 세포도 공격하기에 여러 가지 부작용을 피할 수 없었다. 그러나 암 조직에 대해 특이적으로 변이된 단백질의 mRNA를 이용해 우리 몸에서 암세포에만 특이적으로 작용하는 항체를 만들어 암세포를 공격하도록 하는 이 방법은 기존 암 치료법의 부작용을 크게 줄일 수 있을 것으로 기대할 수 있다.

이 방법의 또 다른 장점은 개인 맞춤형 치료를 할 수 있다는 것이다. 환자마다 암이 발생한 조직이나 장기, 그리고 암을 유발한 축적된 유전자 변이들이 다르다. 따라서 환자 개인마다 암 조직에서 변이되어 발현되는 단백질이 다르고 암의 성격도 조금씩 다르다. 그러므로 조직에서 발현되는 변이된 단백질을 찾고 이 단백질에 대한 유전자의 mRNA를 이용하는 방법은 환자 개인과 그의 암 조직에 가장 효과적으로 작용할 수 있는 최적의 단백질과 그 유전자에 대한 mRNA를 찾아 적용하는 것을 가능하게 할 수 있다. 또한 암에 걸린 조직의 세포에서 발견되는 여러 변이 단백질 유전자에 대한

mRNA를 모두 만들어 섞어 주입하면 환자의 몸에서 암 조직의 세포에만 존재하는 다양한 변이 단백질에 대한 항체를 한꺼번에 만들 수 있어 치료 효과를 높일 수도 있다.

이 방법을 확장해 각 조직의 암에 대한 mRNA 암 백신을 만들 수도 있다. 이미 많은 암 환자들의 조직에서 추출한 암세포 유전 정보를 분석해 몇몇 특정 조직의 암(전립선암, 위암, 피부암 등)에 대해서는 환자 공통으로 발현되는 변이 단백질들에 대한 정보가 축적되어 있다. 이러한 정보를 바탕으로 각 조직에서 변이된 단백질들의 유전자에 대한 mRNA를 모두 섞어 주입한다면 몸에서는 이들에 대한 항체가 만들어질 것이다. 또 이 정보는 후천 면역계에 저장될 것이다. 만약 몸의 특정 조직에서 암이 발생해 이 변이 단백질 중 하나라도 발현하기 시작하면 우리 몸은 이미 백신으로 맞았던 이 암세포 특이적인 변이 단백질을 기억하고 이들에 대한 항체를 빠르게 다량으로 만들어 초기에 암세포를 사멸시킬 수 있을 것이다. 이것이 mRNA 암 백신의 원리다. 이미 바이오엔테크와 모더나는 코로나19 백신의 성공으로 mRNA 백신의 인체 위험성에 대한 우려가 많이 사라졌다고 보고 각각 mRNA 대장암 치료 백신 및 피부암 치료 백신과 개인 맞춤형 암 백신 등의 임상 2상을 진행 중으로 알려져 있다.

머지않은 미래에 mRNA 암 치료법이 방사선 치료법 같은 암 치료법 중 하나로 일반화될 것이다. 원한다면 mRNA 암 백신 예방 주사를 맞게 될 가능성도 크다. 그러므로 mRNA 암 치료법이나 암 백신의 빠른 성공 여부와 적용 가능성은 mRNA의 안정성을 확보해 인체에서 염증 반응이 일어나지 않도록 하고, 세포 내부로 mRNA을 전달하는 효율을 증가시키는 것과 관련된 기술적 한계를 어떻게 극복하느냐에 따라 그 시기가 달라질 것이다.

mRNA 기반 감염성 질환 백신들

mRNA 백신의 기술이 가장 빨리 응용될 수 있는 다른 전염병 있다면 아마 독감일 것이다. 독감을 일으키는 인플루엔자바이러스는 코로나19바이러스처럼 RNA를 유전 정보로 갖는 바이러스다. 그리고 변이가 매우 심하게 일어나 매해 독감 예방 주사를 맞을 수밖에 없다. 이전의 독감 백신은 독감 바이러스의 껍데기 단백질이거나 약화된 바이러스였다. 독감 백신을 제조하는 데는 시간이 오래 걸리기 때문에 매년 수개월 전부터 미리 유행할 바이러스의 변이를 예측해야 했다. 바이러스의 변이에 대한 예측이 빗나가는 경우는 독감 백신 주사를 맞아도 별로 예방 효과가 좋지 않았다. 미국 질병 예방통제 센터(Center for Disease Control, CDC)는 독감 백신의 효과는 해에 따라 40~60퍼센트라고 발표했으나 실제로 예방 효과가 20퍼센트도 안 되는 해도 있었다.

만약 독감 백신으로 기존 백신 대신 mRNA 백신을 사용할 경우 백신 제조 시간을 훨씬 단축할 수 있으므로 정확하게 그해 유행하는 독감바이러스를 확인하고도 백신을 만들고 보급할 수 있다. 따라서 mRNA 독감 백신을 사용한다면 예방 효과를 기존 백신보다 훨씬 더 높일 수 있다. 심지어 바이오엔테크와의 공동 연구로 코로나19 백신을 제조했던 화이자는 유행하는 독감바이러스가 알려지면 8일 이내에 mRNA 백신을 만들 수 있다고 공언했고, 실제로 이 두 회사는 공동으로 mRNA 독감 백신을 만들고 있다고 한다. 모더나도 mRNA 기반 독감 백신을 만들고 있고 기존 독감 백신을 만들어 왔던 노바백스(Novavax Inc.)와의 공조로 코로나19 백신과 독감 백신을 조합해 두 바이러스에 한꺼번에 작용하는 백신을 만들고 있다고 한다.

mRNA 백신 제조 가능성이 큰 또 다른 바이러스 질환은 대상포진이다. 대상포진은 DNA를 유전 정보로 갖는 헤르페스바이러스의 한 종류인 사람 알파헤르페스바이러스(Human alphaherpesvirus-3, HHV-3)에 감염되어 발생한다. 이 바이러스는 원래 아이 때 허파에 침투해 수두(chickenpox)를 유발하는 것이다. 수두가 나은 뒤에도 이 바이러스의 유전 정보가 몸속 신경 세포의 유전체 내에 숨어 활동하지 않고 잠자는 상태로 있다가, 노화나 다른 질환으로 몸의 면역 기능이 약해졌을 때 다시 활성화되어 대상포진을 유발한다. 대상포진을 일으킬 때 이 바이러스가 몸의 신경 세포에서 활성화되고, 또 활성화되면서 만들어진 바이러스가 신경 말단으로 이동하면서 신경 세포를 파괴하고 물집을 만들어 매우 고통스러운 병으로 알려져 있다. 현재 많이 사용되는 대상포진 백신은 2017년 글락소스미스클라인(GlaxoSmithKline PLC)에서 만든 것으로 이 바이러스의 껍데기 단백질 중 하나를 사용한다. 백신이 출시되자마자 상대적으로 고비용임에도 불구하고 장년층과 노인층의 많은 이들이 백신을 맞아 세계적으로 매년 수십억 달러의 매출을 기록하고 있다고 한다. 백신의 효능은 아주 좋은 편이다. 그래도 대상포진 백신의 시장성과 높은 매출 가능성 때문인지 2022년 바이오엔테크와 화이자는 공동으로 mRNA 기반의 대상포진 백신을 개발한다고 발표했다.

아직 백신이 개발되지 않은 HIV에 대한 백신도 mRNA 백신의 다음 표적이 되고 있다. AIDS를 일으키는 HIV는 팬데믹을 유발한 코로나바이러스처럼 RNA를 유전 정보로 갖는 바이러스다. 이 바이러스는 인체의 여러 세포 중 면역 세포(정확하게는 면역 T 세포)를 숙주로 사용하기에 감염되면 면역 세포가 파괴되어 몸의 면역 반응이 제대로 일어나지 못하게 되므로 다양한 면역 결핍 증상을 유발한다. 다행히 현재는 HIV의 증식을 억제하는 좋은 치료약들이 개발되어 치명율이 많이 줄었다. 하지만 면역 반응은 생존에 필수적이므로 HIV의 감염은 여전히 매우 위험하고 생활의 질을 급속히 떨어뜨린다. AIDS가 전 세계적으로 발병하기 시작한 1980년대 초반부터 40년간 AIDS 백신을 개발하기 위한 여러 노력이 계속되었는데, 감염을 막는 백신과 이미 감염되었을 때 진행을 늦추는 치료용 백신 둘 다 아직 개발에 성공하지 못하고 있다.

2021년 12월 NIAID와 모더나는 공동 연구를 통해 mRNA를 이용한 HIV 백신 개발의 성공 가능성을 제시했다.

이 연구진은 HIV mRNA 백신을 생쥐와 원숭이에 접종했을 때 HIV에 대한 항체가 형성되었고, 이 백신을 접종한 동물에 HIV를 감염시켰을 때 감염이 되지 않거나 지연되는 효과가 있음을 보고했다.[10] HIV mRNA 백신도 코로나19 백신을 만드는 방법과 유사한 전략이 사용되었다. HIV의 바깥 껍질 단백질(Env)과 안쪽의 구조 단백질(Gag)을 만드는 유전 정보를 연결해 이 두 단백질을 한꺼번에 만들 수 있도록 설계한 mRNA를 만들어 쥐에 넣고 이들이 쥐의 몸 안에서 발현되어 바이러스와 유사한 겉껍데기 구조를 만드는 것을 확인했다. 이들은 면역 반응을 유도해 항체를 형성했고 이 항체는 다양한 변이를 갖고 있는 대부분의 HIV에 대해 반응했다. 더 고무적으로 이 HIV mRNA 백신을 두 차례 이상 추가 접종으로 주입한 경우 쥐나 원숭이에서 HIV에 대한 감염 위험을 최대 79퍼센트까지 감소시켰고 큰 부작용이 없었다고 한다.

물론 HIV mRNA 백신을 인간에 적용하기 위해서는 백신의 안정성과 효능의 개선이 필요하다. 현재 인간에 적용할 수 있는 mRNA HIV 백신은 미국 국립 보건원(National Institutes of Health, NIH)에서 임상 시험 중으로 알려져 있다.[11] 이러한 보고는 AIDS 백신의 개발이 mRNA 덕분에 무척 가

까워졌음을 보여 준다.

mRNA 백신은 초기 설비 및 백신을 생산할 수 있는 플랫폼을 갖추는 데 기존 단백질이나 약화된 바이러스 백신에 비해 큰 비용이 들지 않고 소규모로도 진행할 수 있는 장점이 있다. 따라서 코로나19나 독감, AIDS 등 환자들이 많은 감염병에 대한 백신뿐 아니라 감염자 수가 적어 기존의 백신 생산 방법으로는 채산성이 없던 여러 전염병의 백신 개발에도 큰 도움을 줄 수 있다. 현재 감염자 수는 많지 않지만 임신부가 감염될 경우 태아에서 소뇌증을 유발한다고 알려진 지카바이러스(Zika virus)에 대한 mRNA 백신이 개발 중인 것으로 보고되었다. 이는 사실 코로나19 백신 개발 이전부터 진행되고 있었다. 이미 2017년 워싱턴 대학교 연구진은 지카바이러스에 대한 mRNA 백신이 접종된 쥐에서 항체가 형성되어 지카바이러스의 감염을 막는다는 논문을 발표했다.[12] 또 모더나는 2022년 지카바이러스에 대한 백신을 개발해 임상 2상 시험 중이라고 밝혔다.

바이러스 질환은 아니지만 라임병(lyme disease)에 대한 mRNA 백신도 개발 중이라고 한다. 인수 공통 전염병인 라임병은 곤충인 진드기가 사람을 무는 과정에서 보렐리아균(Borrelia)이 사람에게로 전해져 발병하는 질병이다. 라임병은 풀밭 등에서 진드기에 물릴 때 쉽게 감염될 수 있고 고열에 두통이 심하며 나중에는 뇌막염이나 심근염 등을 유발해 치명적일 수 있다. 그러나 아직 사람에게 쓸 수 있는 라임병 백신은 개발되지 않고 있다. 2021년 미국 예일 대학교 연구진은 라임병을 옮기는 진드기의 침샘 단백질들에 대한 mRNA를 백신으로 개발해 기니피그에 주입했을 때 라임병의 원인인 보렐리아균의 전달을 막을 수 있다고 보고했다.[13] 이러한 연구를 기반으로 mRNA를 사용하는 라임병에 대한 인간용 백신 개발 가능성이 실험되고 있다.

여기서 언급한 mRNA를 이용한 다양한 백신이 짧은 기간 내에 개발되지 못할 수도 있다. 그러나 명확한 것은 코로나19 mRNA 백신 개발과 효과 검증에 성공함으로써, 인류는 앞으로도 이어질 다양한 질병과의 싸움에서 쓸 만한 새로운 무기를 손에 넣게 되었다는 것이다. 이 방법은 효율과 안정성 개선 및 부작용 완화라는 숙제를 안고 있지만 이런 기술적인 어려움은 이제 mRNA의 가능성을 확인한 많은 연구자가 더욱 이 분야의 연구에 뛰어들고 매진함에 따라 점차 줄어들 것이다. 그리고 mRNA를 이용한 백신과 치료제는 머지않은 미래에 기존의 백신이나 항암 요법처럼 익숙한 치료법과 도구가 될 것이다.

전사:
DNA 정보
읽어 내기

3강에서 mRNA 백신을 설명하기 위해 유전자가 발현되는 기본 원리인 센트럴 도그마에 대해 간단히 설명했다. 그러나 생명체의 세포 내에서 DNA의 유전 정보가 RNA로 읽히고 RNA가 mRNA로 변형되어 이로부터 단백질이 만들어진다는 센트럴 도그마가 실제로 작동하는 과정은 이렇게 단순하지 않다. 이 과정에 대한 심화 연구는 지난 50년간 이루어진 분자 생물학의 주요 발견이고 아직도 다 풀리지 않은 유전체 작동 방식에 대한 수수께끼의 실마리가 곳곳에 숨어있는 과정이다. 이번 8강과 다음 9강에서는 각각 센트럴 도그마의 전사와 번역 과정에 대해 좀 더 자세히 설명하고자 한다. 너무 복잡하다고 생각하면 건너뛰어도 좋으나, 이 부분을 이해하면 RNA가 갖는 유전자 정보 전달자로서의 기능 말고도 유전자 발현을 조절하는 다양한 기능과 질환 치료 등에 응용할 수 있는 폭넓은 지식을 소화할 수 있을 것이다.

mRNA의 발견

정보로 작동하는 DNA에서 기능을 수행하는 단백질로 이어지는 과정 중간에 RNA가 정보를 매개하는 전령으로 작용한다는 센트럴 도그마는 제임스 듀이 왓슨(James Dewey Watson, 1928년~)과 함께 DNA의 이중 나선 구조를 처음으로 증명한 프랜시스 헨리 콤프턴 크릭(Francis Henry Compton Crick, 1916~2004년)의 아이디어였다.

크릭이 1957년 센트럴 도그마를 처음 제안했을 때는 순수한 아이디어였을 뿐 아무 증거가 없었다. 그러나 유전자의 작동 방식을 알고자 하는 여러 과학자의 노력으로 세포에 mRNA가 존재한다는 게 1961년 처음으로 확인되고 보고되었다. 최초의 결정적인 증거는 박테리오파지(bacteriophage)라는 세균을 숙주로 하는 바이러스를 대장균에 감염시키고 핵산의 주요 성분인 인산에 방사선 표지를 단 배지에서 배양해 대장균 세포에서 새로이 만들어지는 물질을 추적했을 때, 확인된 물질이 RNA라는 것이었다. 새로이 만들어진 RNA 는 세포질에 혼자 존재하거나 리보솜과 결합한 형태로 존재 하는 것이 관찰되었다. 바로 이것이 RNA였다. 재미있게도 mRNA 발견에 대한 연구로 노벨상을 받은 과학자는 없다.[14] DNA 유전 정보의 작동 방식에 대한 질문은 당시 생명 과학 분야에서 가장 뜨거운 질문이었고 여러 과학자가 아이디어 를 공유하며 진행된 연구였던 까닭이다.

이중 나선 중 어느 가닥이 사용될까?

유전 정보 해독법이 언뜻 단순해 보이지만 자세히 생 각해 보면 여러 가지 의문이 생길 것 같다. 나도 이 과정을 처 음 배울 때 신기하기도 했지만 많은 질문이 생겼다. 우선 세 포에서 염색체 형태로 존재하는, 유전 정보를 담고 있는 수 십만 개에서 수백만 개의 DNA 염기 서열이 이중 나선으로 계속 이어져 있다면 'DNA 이중 나선 두 가닥 중 어느 가닥 이 유전자 정보를 포함해 전사에 대한 주형으로 작용할까?' 라는 질문이다. 또 염색체가 긴 하나의 이중 나선 DNA라면 'RNA는 유전자에 해당하는 DNA 염기 서열을 어떤 방향으로 읽어 내는 것일까?'라는 질문도 생긴다.

　　같은 염색체에 존재하는 유전자라도 유전자에 따라 그 염기 서열이 DNA 이중 나선 중 각각 다른 가닥에 존재할 수 있어, 유전자에 따라 각각 두 가닥 중 한 가닥의 염기 서열이 유전 정보로 이용된다. 1강에서 DNA의 이중 나선이 역평행이라는 설명을 했다. DNA의 이중 나선뿐 아니라 DNA 한 가닥과 전사 과정 중 합성되는 RNA 가닥이 상보적으로 결합할 때도 서로 반대 방향의 가닥끼리 마주 보는 역평행을 유지한다.

　　DNA의 염기 서열을 읽어 낸다고 하는 것은 염기 서열에 상보적인 RNA를 뉴클레오타이드로부터 합성하는 과정이고, 핵산인 DNA와 RNA는 뉴클레오타이드가 항상 5′ 방향에서 3′ 방향으로 결합해 만들어진다. 그러므로 전사 과정에서 유전자 DNA 염기 서열을 따라 RNA가 합성될 때 RNA의 합성은 항상 5′ 쪽에서 3′ 쪽 방향으로 이루어진다. 또한 유전 정보의 주형으로 작용하는 DNA 가닥과 상보적으로 만들어지는 RNA 가닥도 반드시 역평행이어야 하므로 주형인 DNA는 3′ 쪽에서 5′ 쪽 방향으로 읽힌다. DNA도 역평행인 서로 상보적인 염기 서열 두 가닥으로 구성되어 있고 RNA도 DNA 두 가닥 중 3′ 쪽에서 5′ 쪽 방향에 상보적으로 5′ 쪽에서 3′쪽 방향으로 합성되었으므로 직접 합성의 주형으로 사용되지 않은 DNA 가닥이 RNA와 같은 염기 서열을 갖게 된다. (그림 11)

이렇게 전사 과정 중 합성된 mRNA와 같은 방향과 염기 서열을 갖는 유전자의 DNA 가닥을 센스 가닥(sense strand)이라고 하고 직접 RNA 합성의 주형으로 사용된 DNA 가닥을 안티센스(anti-sense)라고 한다. 센스와 안티센스는 10강에 나오는 RNA의 기능과 연결되어서도 매우 중요하니 꼭 기억해 두면 좋겠다. 같은 염색체에 존재하는 유전자라도 전사를 통해 RNA가 만들어질 때 주형으로 사용되는 이중 나선의 DNA 가닥이 다를 경우, DNA 두 가닥이 역평행이므로 각각의 DNA 가닥이 읽히는 방향은 서로 반대가 된다.

전사된 RNA의 보정

세포에서 유전자가 전사되는 과정은 유전체가 막으로 둘러싸인 핵에 존재하는 경우와 그렇지 않은 경우가 다르다. 핵이 없이 유전 정보인 DNA가 세포질에 있는 대부분의 세균이 속해 있는 원핵세포(prokaryotes)에서는 전사 후 별다른 절차 없이 번역이 그대로 진행된다. 그러나 사람을 포함해 유

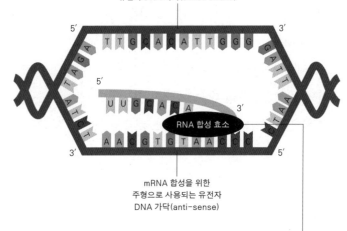

그림 11 유전자의 전사 과정.
전사 과정에서 주형으로 이용되는 DNA 가닥(안티센스)과 새로 합성된 RNA가
서로 상보적으로 결합해 짝을 이룬 RNA-DNA 하이브리드가 생성된다.

전 정보인 DNA가 핵 내부에 존재하는 진핵세포(eukaryote) 생물의 전사는 DNA가 있는 핵 내에서 진행되지만 RNA 형태로 읽어 낸 유전 정보로부터 단백질을 합성하는 번역은 세포질에서 이루어진다. 따라서 전사된 RNA는 번역을 위해 먼저 핵막을 통과해 세포질로 이동해야 한다.

진핵세포에서 핵 내부에서 전사된 RNA는 세포질로 이동해 번역이 일어나기 전 여러 절차를 거친다. 또한 진핵세포에서 전사된 RNA는 아직 번역에 이용될 수 있는 형태가 아니다. 따라서 전사된 RNA는 핵 밖으로 이동하기 전 번역될 수 있는 형태의 RNA가 되기 위해 다양한 보정 과정을 거치게 된다. 처음 유전자로부터 전사된 형태의 RNA를 단백질로 번역될 수 있는 형태의 RNA인 전령 RNA(mRNA)가 되기 전 단계라서 pre-mRNA라고 한다. 핵 안에서 pre-mRNA는 보정을 끝내고 mRNA 상태로 핵 밖으로 이동해 번역된다.

진핵세포에서 전사된 RNA는 어떤 보정 과정을 거칠까? 첫 번째 변형은 RNA의 앞쪽 끝(5')에서 인산을 떼어 내고 마치 병뚜껑을 닫거나 모자를 씌우는 것처럼 캐핑하는 것이다. 생체 내에서 대부분의 변화는 화학적 변화를 의미하므로 캐핑도 화학적으로 작은 염기를 가져다 RNA 끝에 붙이는 것이다. (메틸화구아노신일인산(methylated guanosine monophosphate)이라는 작은 염기를 붙인다.) RNA의 캐핑이 일어난 반대쪽의 끝(3′)에는 약 20개의 뉴클레오타이드를 잘라 내고 여기에 염기 A를 작게는 수십 개, 많게는 250개 정도를 계속 가져다 붙이는 반응이 일어난다.

이렇게 전사된 RNA의 양 끝을 변형시키는 것은 mRNA 의 안정성을 증가시켜 번역되기 전 쉽게 분해되는 것을 막고 단백질로 번역되는 과정의 효율성을 조절하기 위해서다. 특히 이렇게 변형된 mRNA의 양 끝에 특정 단백질이 결합하면 이미 전사된 mRNA의 번역을 촉진할 수도 있고 억제할 수도 있다. 예를 들어 대부분 생명체의 난자는 초기 발생에 필요한 다양한 단백질에 대한 정보를 모체에서 난자에 넣어 주는 mRNA 형태로 갖고 있다. 이 mRNA는 난자가 수정될 때까지 번역될 수 없도록 mRNA에 결합하는 단백질에 의해 닫혀 있다가 일단 수정이 되면 mRNA가 빠르게 번역을 진행해 기능을 수행할 수 있게 되어 발생을 가능하게 한다.

3′ 끝에 생긴 poly-A 꼬리는 발현된 유전자의 mRNA 가 갖는 공통적인 특징이다. 따라서 아데닌과 티민 염기의 상보성을 이용해 티민이 연속된 작은 DNA 조각을 마치 낚시

의 미끼처럼 이용하면 mRNA의 poly-A 꼬리가 티민 DNA 조각에 모두 붙게 된다. 이 방법을 이용해 세포나 세포로 이루어진 몸의 다양한 조직에서 발현된 모든 유전자에 대한 mRNA를 분리해 낼 수 있다. 이렇게 분리된 특정 세포나 조직에서 발현된 유전자에 대한 전체 mRNA에 대한 정보는 요즘은 쉽게 DNA 칩(DNA chip, 마이크로어레이(microarray). 대부분의 인간 유전자에 대한 짧은 염기 서열을 배열해 놓은 칩이다.)이나 RNAseq(DNA sequencing, 전체 발현된 mRNA를 분리해 그에 대한 모든 상보적 DNA를 합성해 그 염기 서열을 읽어 내는 방법) 등으로 확인이 가능하다. 즉 특정 세포, 특정 시기 등에 따라 각 세포에서 발현된 모든 유전자의 정체와 발현 mRNA를 확인할 수 있다.

몸의 모든 세포나 조직은 수정란이라는 하나의 세포에서 시작되었기에 유전 정보는 모두 동일하다. 그런데 다양한 장기와 조직 및 이를 구성하는 여러 다른 종류의 세포가 생기는 이유는 이들이 발현하는 유전자들이 다르기 때문이다. 그러므로 몸을 구성하는 조직이나 세포의 특성을 이해하기 위해서는 이들이 발현하고 있는 유전자들의 차이를 이해하는 것이 꼭 필요하다. DNA 칩이나 RNAseq의 방법은 최근 다양한 생명 과학과 의학 분야의 연구에서 특정 상태의 세포나 조직에서 발현되는 유전자들을 모두 조사할 때 유용하게 사용된다. 또 암 조직과 정상 조직에서 발현되는 전체 유전자의 차이를 비교해 발병한 암의 특성을 규명하고 각 환자에게 가장 유효한 항암 요법을 찾아내는 데도 효과적으로 응용되고 있다.

스플라이싱

처음에 센트럴 도그마가 작동하는 기전에 대한 연구는 주로 대장균 등 단순한 세균 세포에서 이루어졌다. 그래서 유전자가 연속되는 DNA의 염기 서열이라고 생각했다. 그러나 더 복잡한 생물의 세포인 진핵세포의 유전자를 연구하기 시작하면서 유전자가 여러 조각으로 나뉘어 있음이 발견되었다. 진핵세포, 특히 포유동물 세포에서는 유전자를 구성하는 DNA 염기 서열이 모두 단백질을 만들기 위한 정보로 사용되는 것은 아니다. 대부분 진핵세포 유전자는 조각보처럼 DNA 염기 서열 중 발현되어 단백질을 만드는 아미노산 서열에 대한 정보로 이용되는 부분과 그렇지 않은 부분의 조각들이 연결되어 이루어져 있다. 유전자는 중간에 말도 안 되는 문장들이 여러 개 끼어 있어 이들을 알아내 제거해야만 전체 줄 거리가 연결되어 이해되도록 만들어진 책과도 같다.

유전자에서 단백질을 구성하는 아미노산 서열에 대한 정보를 제공하는 부분, 즉 줄거리에 해당하는 부분을 단백질로 발현되는 염기 서열인 엑손(exon)이라 한다. 유전자 중 정보로 사용되지 않는 부분, 즉 중간에 끼어 들어가 있는 말도 안 되는 문장들은 인트론(intron)이라고 한다. DNA 염기 서열을 읽어 내는 방법을 찾아낸 공로로 1980년 노벨 화학상을 받은 3명의 과학자 중 하버드 대학교의 월터 길버트(Walter Gilbert, 1932년~)가 처음 명명한 것으로 유전자 내의 부분을 뜻하는 'intragenic region'에서 유래했다.[15] 즉 유전자 DNA는 엑손 염기 서열 중간에 인트론 염기 서열이 끼어들어 있는 형태다.

하나의 인간 유전자는 평균 8개 정도의 인트론을 갖고 있다고 알려져 있다. 인트론 염기 서열은 인트론 1개당 작게는 수십 개에서 많게는 수천 개에 이르는 긴 염기 서열이다. 처음 유전자의 염기 서열을 전사한 pre-RNA는 엑손 부분뿐만 아니라 인트론 부분을 모두 포함하고 있다. 따라서 전사된 RNA가 번역될 수 있는 mRNA로 변형되는 과정에서 가장 중요한 일은 전체 pre-RNA에서 인트론 부분을 제거하는 것이다. 이 과정을 RNA 스플라이싱(RNA splicing, RNA 이어맞추기라고도 한다.)이라고 한다. (그림 12) 양 끝을 잇는다는 의미로 RNA 스플라이싱 과정은 연속된 pre-RNA 뉴클레오타이드 서열에서 인트론 부분을 잘라내고 엑손 부분만을 이어 붙이는 과정이다.

스플라이싱은 1977년 미국 뉴욕 주 콜드 스프링 하버 연구소 소속의 리처드 로버츠(Richard Roberts, 1943년~)와 MIT 교수였던 필립 앨런 샤프(Phillip Alen Sharp, 1944년~)가 독립적으로 발견했다. 유전자의 DNA 중 RNA 합성을 위한 주형으로 사용된 가닥과 mRNA를 서로 붙였을 때 상보적으로 결합한 부분 이외에 DNA에는 있고 mRNA에는 잘려 사라진 부분이 고리 모양으로 돌출된 것을 전자 현미경으로 확인한 것이다. (그림 12에서 가위 그림으로 인트론이 돌출되었다가 잘려 나가는 것을 표시했다.) 이들은 진핵세포의 유전자가 조각나 있고 스플라이싱 과정을 통해 유전자로 발현된다는 것을 처음 발견한 공로로 1993년 노벨 생리·의학상을 받았다.

스플라이싱 과정은 매우 정확하고 정교해야 한다. 만약 RNA 스플라이싱 과정에서 인트론 부분 중 일부의 염기

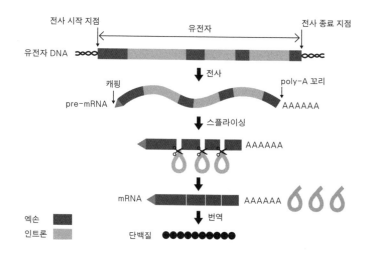

그림 12 스플라이싱 과정.

전사된 pre-RNA에서 유전 정보로 사용되지 않는 부분인 인트론을 잘라내어 mRNA로 만든다.

서열이 남아 있거나 엑손 부분이 더 잘려나가는 등의 실수가 생긴다면 mRNA는 원래 유전자 염기 서열이 제시(code)하는 단백질이 아니라 엉뚱한 단백질을 만들기 때문이다. 연속되는 뉴클레오타이드 3개로 구성된 하나의 아미노산에 대한 정보인 트리플렛 코드(triplet code) 또는 코돈(codon)은 실수가 생긴 부분부터는 완전히 다른 코드로 바뀔 수 있기 때문이다. 엉뚱한 정보에 따라 만들어진 단백질은 생체에서 제대로 기능을 수행하지 못해 여러 질병의 원인이 된다. 실제로 최근 스플라이싱 과정에 이상이 생겨 발생하는 치명적 질병이 계속 알려지고 있다. 또 스플라이싱 과정의 이상이 암을 발생시키는 원인으로 작용하는 것도 밝혀지고 있다.

전사된 모든 유전자의 RNA에 존재하는 다양한 크기를 갖는 여러 개의 인트론이 어떻게 정확하게 잘려 원래 의도된 단백질로 '번역'될 mRNA로 만들어질 수 있는지는 생각할수록 놀랍고 신비롭다. 확률로 본다면 우리 몸의 100조 개에 육박하는 세포가 모두 매일 24시간 정상적인 유전자 발현을 통해 무사히 생명을 유지하고 있는 것 자체가 하나의 기적일 수 있다. 이런 이유로 유전자 DNA의 염기 서열이 연속적이지 않고 조각조각 나 있다는 발견은 처음에는 굉장히 받아들이기 어려운 사실이었다. 그렇다면 왜 진핵세포의 진화는 유전자를 조각조각 나누는 방향으로 이루어진 것일까? 또 잘못되면 유전 정보가 엉망이 될 수 있는 이렇게 위험한 RNA 스플라이싱 과정은 왜 존재할까? 이런 복잡하고 위험한 과정이 어떤 이로움이 있기에 계속 보존된 것일까? 유전자가 엑손과 인트론 조각들로 나뉘어 있어 생물의 진화에 유리한 점이 있기 때문이라 추론해 볼 수 있다.

첫째로 하나의 유전자로부터 여러 개의 단백질을 만들 수 있다는 이점이 있다. 인간 유전체 프로젝트가 끝나고 인간의 유전 정보를 처음 읽게 되었을 때 가장 놀라운 사실은 인간 유전자의 총수가 2만 개 정도로, 지렁이와 유사한 유전자 수를 갖는다는 것이었다. 그런데 이렇게 하나의 유전자에서 RNA 스플라이싱을 진행할 때 다양하게 잘라내는 인트론과 엑손을 차이를 두어 조합하면 아주 여러 개의 다른 단백질에 대한 정보를 만들어 낼 수 있다. 예를 들어 신경 전달에서 중요한 기능을 하는 뉴렉신(neurexin)이라는 단백질은 하나의 유전자로부터 수백 개의 다른 단백질을 만든다고 한다.

두 번째 유리한 점으로는 유전자가 엑손으로 부분 부분으로 나뉘어 있으므로 진화 과정에서 서로 다른 유전자들에 있는 엑손들의 재조합을 통해 새로운 단백질에 대한 유전자를 만들어 내기 쉬웠을 것으로 추측할 수 있다. 이런 이유로 더 복잡한 생명체로 진화하면서 유전자의 발현 과정에 RNA의 스플라이싱은 필수 과정이 되지 않았을까? 실제로 스플라이싱의 발견은 유전자 DNA 염기의 변이뿐 아니라 다른 유전자의 엑손 조각들이 서로 모이고 흩어지면서 진화 과정에서 다양한 유전자가 만들어질 수 있고, 이를 통해 진화 속도가 빨라질 수 있다고 설명할 수 있다.

진핵세포에서 유전자 정보를 따라 전사된 pre-RNA는 캐핑, poly-A 꼬리 붙이기, 스플라이싱 등 모든 보정과 수선 과정을 마치고 단백질로 번역될 수 있는 mRNA로 완성되었다. 이제 mRNA는 핵막의 작은 구멍을 통해 세포질로 이동할 수 있다. 세포질로 자리를 옮긴 mRNA는 단백질 합성 공장으로 알려진 리보솜과 결합하고 리보솜에서 mRNA 염기 서열에 따른 단백질 합성 과정인 번역을 진행할 준비가 되었다.

번역:
단백질 합성

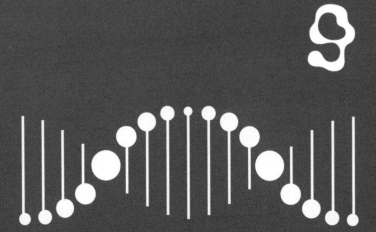

리보솜

mRNA의 정보가 단백질로 번역되는 리보솜은 지구상 모든 생명체의 세포에 존재하는 단백질 합성 공장이다. 세포질에 존재하는 리보솜은 단독으로, 또는 소포체(endoplasmic reticulum)에 결합해 존재한다. 리보솜은 1950년대 중반 탁월한 세포 생물학자였던 조지 에밀 펄레이드(George Emil Palade, 1912~2008년)가 전자 현미경으로 세포를 관찰하면서 발견되었고, 처음에는 발견했던 과학자의 이름을 따라 펄레이드 과립(Palade granule)로도 불렸다고 한다.[16] 펄레이드와 알베르 클로드(Albert Claude, 1899~1983년), 크리스티

앙 르네 마리 조제프 드뒤브(Christian René Marie Joseph de Duve, 1917~2013년)는 리보솜을 발견한 공로로 1974년 노벨 생리·의학상을 수상했다. 또한 35년 후인 2009년 벤카트라만 라마크리시난(Venkatraman Ramakrishnan, 1952년~), 토머스 아서 스타이츠(Thomas Arthur Steitz, 1940~2018년), 아다 요나트(Ada Yonath, 1939년~)는 리보솜의 자세한 구조와 기능을 규명한 공로로 노벨 화학상을 수상했다.

리보솜을 전자 현미경으로 보면 눈사람을 뒤집어 놓은 모양을 하고 있는데, 마치 눈사람의 몸통과 머리처럼 크게 두 부분이 합쳐져 기능을 수행한다. 리보솜은 여러 종류의 단백질과 RNA가 모여 만들어진 RNA-단백질 복합체(ribonucleoprotein complex)다. 여러 RNA들이 리보솜을 구성하고 단백질을 합성하는 기능을 수행하기 위해 중요한 역할을 하는데, 리보솜을 구성하는 RNA들을 특별히 리보솜 RNA(ribosome RNA), 즉 rRNA라고 한다. 리보솜의 커다란 두 부분이 mRNA를 사이에 두고 서로 결합해서 거꾸로 선 눈사람의 목 부분이 mRNA의 5′ 쪽에 위치하게 되면 mRNA의 번역이 시작된다. 리보솜이 하나씩 캐핑된 5′ 쪽 RNA에 연이어 순차적으로 붙어 계속 3′ 쪽으로 이동하

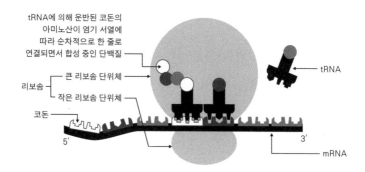

그림 13 리보솜의 mRNA 정보에 따른 단백질 합성.

mRNA와 결합한 리보솜은 mRNA 염기 서열의 세 염기로 이루어진 코돈에
상보적으로 결합하는 tRNA가 운반해 온 아미노산을 한줄로 연결해 단백질을
합성한다.

면서 번역을 수행한다. (그림 13) 세포질에서 번역이 일어나고 있는 mRNA를 관찰하면, 하나의 mRNA에 여러 개의 리보솜이 붙어 있는 모양으로 보인다. 따라서 하나의 mRNA에서 단백질이 한꺼번에 여러 개 만들어지는데, 그 모습이 마치 mRNA라는 전깃줄에 참새(리보솜)가 쪼르르 앉아 있는 모습과 비슷하다.

mRNA 번역 과정

리보솜에서 mRNA의 염기 서열 정보에 따라 그에 해당하는 단백질이 만들어지는 번역이 어떻게 가능할까? mRNA로 전환된 유전자의 염기 서열은 3개의 염기 서열이 하나의 아미노산에 대한 정보를 제공한다. 또한 mRNA의 염기 서열은 언어처럼 단어 간 띄어 읽기를 하지 않고 연속적으로 읽힌다는 것이 밝혀졌다. 그렇다면 왜 3개의 염기 서열이 하나의 아미노산에 대한 정보를 제공하는 것일까? 1강에서 언급한 것처럼 전체 생명체에서 DNA와 mRNA의 서열을 이루는 염기는 단 4종류다. 반면 생명체에서 기능을 수행하는 수많은 단백질을 이루는 아미노산은 모두 20종이다. 그러므로 4종의 mRNA 염기 서열은 20종 아미노산에 대한 코드를 제공해야 한다.

약간의 수학을 적용해 보면 왜 3개의 염기 서열이 하나의 아미노산에 대한 코드로 작동하는지 쉽게 이해할 수 있다. 만약 염기 1개가 하나의 아미노산에 대한 코드로 작용한다면 염기가 4종류이므로 단 4개의 아미노산에 대한 코드밖에 만들 수 없다. 만약 염기 2개가 아미노산 1개에 대한 코드로 기능을 수행한다면 염기가 4종이므로 4×4=16, 즉 네 가지 염기가 두 가지씩 조합된 16개의 아미노산에 대한 코드를 만들 수 있다. 그런데 아미노산은 총 20종이므로 적어도 코드는 20개 이상이 필요하고 2개의 염기로는 부족하다. 염기 3개가 아미노산 1개에 대한 코드로 기능을 한다면 4종의 염기로 만들 수 있는 코드는 4×4×4=64, 총 64개로 20종의 아미노산에 대한 코드를 만들기에 충분하다.

이런 계산을 바탕으로 인위적으로 mRNA를 합성해 실험해 본 결과, mRNA로 전환된 유전자의 염기 서열 3개가 하나의 아미노산에 대한 정보를 제공하고 건너뛰어 읽지 않고 연속적으로 읽힘을 확인했다. 3개의 염기가 하나의 아미노산에 대한 코드를 만든다고 해 이를 트리플렛 코드라고 한다. 실제로 20개인 아미노산 수에 비해 코드의 수가 훨씬 많게 되므로 하나의 아미노산에 대해 여러 개의 코드가 있기도 하고 또 단백질 합성을 위한 mRNA 번역 과정의 시작과 끝을 지정해 주는 코드도 있다.

　　mRNA 염기 서열이 캐핑이 되어 있는 맨 앞부터 모조리 아미노산으로 번역되는 것은 아니다. 단백질에 대한 직접적인 정보로 사용되는 mRNA의 염기 서열 앞과 뒤에는 번역되지 않는 짧은 염기 서열인 UTR가 존재한다. 4강 코로나 mRNA 백신 제조 과정에서도 설명했던 UTR는 mRNA에 리보솜이 효율적으로 붙고 떨어져 나오는 데 필요한 염기 서열이다. 또 뒷부분 3′ UTR에는 mRNA의 안정성을 유지하는 데 필요한 poly-A 꼬리가 달려 있다. 앞의 UTR를 통해 mRNA와 결합한 리보솜이 mRNA의 앞(5′)에서부터 염기 서열을 따라 이동하다가 번역의 시작을 지시하는 특정 코드(모든 생물에서 이 시작 코드는 5′AUG3′이다.)가 나오면 아미노산을 가져와 단백질 합성을 시작한다. 이후 리보솜이 계속 아래로 이동하면서 3개씩 염기 서열을 줄줄이 읽어 내려가며 그 염기 서열 코드에 해당하는 아미노산을 가져와 연결하면 염기 서열 정보에 따라 한 줄로 아미노산이 계속 연결된 단백질이 합성된다. (그림 13) 또 계속 읽어 가다가 단백질 합성을 끝내라는 염기 서열 코드를 만나면 더 이상 아미노산을 가져와 결합하지 않고 리보솜이 두 부분으로 해체되어 mRNA에서 떨어지면서 단백질 합성을 끝낸다.

tRNA

지구상 모든 생명체에서 단백질은 20종류의 아미노산이 한 줄로 연결되어 만들어진다. 그렇다면 다음 질문은 당연히 어떻게 리보솜에서 mRNA 염기 서열의 트리플렛 코드 정보에 따라 해당하는 아미노산을 정확히 가져와 단백질을 합성하는가 하는 것이다. 운반 RNA(transfer RNA), 즉 tRNA라고 알려진 또 다른 RNA 분자가 단백질 합성 과정에서 아미노산 운반책 기능을 수행한다. 1강에서 핵산 중 RNA는 외가닥이지만 외가닥 내의 상보적인 염기끼리 짝을 이루어 다양한 3차 구조를 만든다고 설명했다.

tRNA는 보통 76~90개의 뉴클레오타이드가 연결된 한 줄의 RNA인데 부분적으로 상보성을 갖는 염기 서열이 서로 결합해 마치 잎이 3개인 클로버 같은 3차 구조다. (그림 14) 이 3차 구조가 tRNA가 리보솜에 결합하는 데 매우 중요하다고 알려져 있다. tRNA 구조는 캘리포니아 대학교 버클리

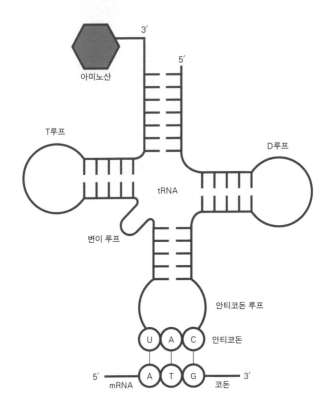

그림 14 mRNA와 tRNA의 상보적 결합.
mRNA 코돈의 염기 서열과 안티코돈을 갖는 tRNA가 상보적인 염기 서열을 통해
짝을 맞추어 결합한다. tRNA는 안티코돈 정보와 부합하는 아미노산과 결합해
아미노산을 운반해 온다. 자세히 살펴보면 mRNA와 tRNA의 상보적 결합도
역평행인 것을 확인할 수 있다.

캠퍼스에서 생체 물질에 대한 3차 구조를 연구하는 한국계 과학자 김성호 박사가 MIT 연구원이던 시절 처음 밝혀냈다.

DNA의 이중 나선 구조를 밝혔던 크릭은 DNA 염기 서열이 단백질에 대한 정보로 작용하는 것을 기반으로 tRNA가 발견되기도 전에 이미 중간 매개체인 tRNA의 존재 가능성을 예측했다고 한다. tRNA는 1958년 처음 그 존재가 보고되었다. tRNA는 tRNA에 대한 유전자로부터 전사된 후 보정을 거쳐 만들어진다. 인간의 유전 정보 전체인 유전체에는 약 2만 1000개의 유전자가 존재하는데 이중 tRNA에 대한 유전자가 약 500개라고 알려진다. 즉 상대적으로 많은 유전자가 다양한 tRNA 생성에 대한 정보를 제공한다. 이렇게 다양한 유전자가 모두 tRNA에 대한 정보를 제공함에도 tRNA 모두는 세 잎 클로버 모양의 유사한 구조를 갖는다. 따라서 보존된 tRNA의 구조가 tRNA의 기능에 매우 중요함을 예측할수 있다. tRNA를 구성하고 있는 A, U, G, C 네 종류의 뉴클레오타이드 중에는 화학 반응으로 인해 변형된 형태의 뉴클레오타이드가 많이 존재하는데 이 뉴클레오타이드의 변형이 tRNA의 안정성과 기능에 아주 중요하다는 것이 최근 밝혀지고 있다. 또한 쉽게 예상할 수 있는 것처럼 tRNA를 발현하는 유전자의 변이는 tRNA의 기능에 영향을 미쳐 유전자들의 번역 과정에 중대한 오류를 초래할 수 있으므로 여러 가지 치명적 유전 질환의 원인이 되는 것으로 밝혀졌다.

　　mRNA가 단백질로 번역되기 위해 아미노산 운반책인 tRNA가 mRNA의 코돈을 인식하는 과정도 핵산을 구성하는 염기의 상보성, 즉 염기가 결합할 수 있는 짝이 정해져 있는 것에 의존한다. 각 tRNA는 그 중간에 mRNA 염기 서열 3개로 이루어진 하나의 아미노산에 대한 정보인 코돈에 상보적인 염기 서열(보통 코돈에 상보적이라고 해서 안티코돈(anti-codon)이라고 불린다.)을 갖고 있고 그 안티코돈 염기 서열에 해당하는 아미노산을 끝에 달고 있다. 따라서 tRNA는 mRNA 염기 서열 코돈 각각에 상보적인 안티코돈에 해당하는 20종의 아미노산을 운반해 이들이 상보적으로 정확히 맞는 경우 자신이 운반해 온 아미노산을 전달해 아미노산끼리 순차적으로 연결되도록 한다. (그림 13) 이렇게 해 mRNA 염기 서열 정보에 따른 단백질 합성이 가능해진다. mRNA는 원래 유전자 DNA의 센스 가닥과 동일한 염기 서열을 갖고 있고 다시 tRNA가 mRNA와의 상보적인 염기 서열에 따라 아미노산을 전달하므로, 결국 단백질의 아미노산은 유전자 센스 DNA의 염기 서열에 따라 배열된다. 이렇게 DNA로부터 중간 단계인 mRNA를 거쳐 단백질이 합성되면 일반적으로 유전자가 발현되었다고 한다.

RNA
간섭 혁명

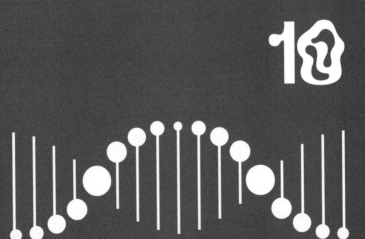

1980년대 유전자의 발현과 기능을 연구하던 과학자들은 재미있는 발견을 한다. 세균과 개구리 알, 나아가 포유동물 세포 등 다양한 세포에 관심 있는 유전자의 mRNA 염기 서열(센스 가닥)과 상보적인 염기 서열을 갖는 짧은 RNA 조각(센스 가닥에 상보적인 가닥. 안티센스)을 집어넣으면 그 유전자의 발현이 억제되었다. 즉 안티센스 RNA 조각으로 인해 그 유전자에 대한 단백질이 만들어지지 않는 것을 관찰했다.

mRNA에 상보적인 작은 RNA 조각인 안티센스 RNA 대신 상보적인 작은 안티센스 DNA 조각을 넣어도 mRNA의 번역을 막거나 mRNA가 분해되어 유전자 발현을 억제할 수 있었다. 이렇게 유전자의 mRNA에 상보적인 20~25개 뉴클레오타이드가 연결된 작은 안티센스 DNA나 RNA 조각을 이용해 특정 유전자의 발현을 억제하는 방법을 통칭해 안티센스 올리고뉴클레오타이드(anti-sense oligonucleotide, ASO)라고 한다. ASO를 이용해 유전자 발현 억제시키는 방법은 작은 DNA 조각이 RNA 조각보다 실험실에서 합성하기가 훨씬 용이하므로 주로 DNA ASO가 많이 사용되었다.

안티센스 RNA나 DNA를 이용해 유전자 발현을 억제할 수 있다는 것은 논리적으로 이해하기 어려운 과정은 아니었다. 대부분의 과학자들은 단순히 상보적인 안티센스 DNA나 RNA가 mRNA에 결합하게 되면 리보솜이 mRNA에 결합하기 어려워져 단백질을 합성하는 번역 과정을 억제할 수 있을 것으로 예측했다. 또한 DNA 조각을 넣으면 DNA 조각과 부분적으로 결합한 mRNA는 RNA를 자르는 효소(RNase H)로 잘려 번역이 불가하다. 그래서 안티센스 DNA나 RNA 조각을 통한 유전자 발현 억제를 전사 후 유전자 침묵시키기(post-transcriptional gene silencing)라고 부르기도 했다.

1996년 내 대학원 은사이기도 한 미국 코넬 대학교의 케네스 켐퓌스(Kenneth Kemphues) 교수 실험실에서 ASO의 상보성에 의한 mRNA의 발현 억제로는 이해하기 어려운 현상이 처음으로 관찰되었다. 몸길이 1밀리리터 정도로 아주 작은 예쁜꼬마선충(*Caenorhabditis elegans*)의 특정 유전자 발현이 그 유전자에 대한 안티센스 RNA뿐 아니라 센스 RNA 조각을 넣어 주어도 억제되었고, 이로 인해 그 유전자의 mRNA가 분해되는 것이 관찰되었다. 그래서 작은 한 가닥의 RNA가 mRNA의 분해를 유도한다고 생각했는데, 그 기전은 기존의 지식으로는 이해하기 어려웠다.

2년 후인 1998년 크레이그 캐머런 멜로(Craig Cameron Mello, 1960년~)와 앤드루 재커리 파이어(Andrew Zachary Fire, 1959년~)는 예쁜꼬마선충에서 근육 생성에 중요한 유전자의 발현이 유전자의 mRNA와 염기 서열이 같은 센스 혹은 상보적인 안티센스 RNA 조각 등 외가닥 RNA에 의해서는 억제되지 않고 두 가닥의 짧은 RNA 조각(double-strand RNA, dsRNA)에 의해 성공적으로 완전히 억제됨을 관찰해 《네이처》에 발표했다.[17] 그들은 이 현상을 RNA 간섭(RNA interference, RNAi)이라고 명명했고, RNAi를 발견한 공로로 2006년 노벨 생리·의학상을 수상했다.

특정 유전자 부분의 염기 서열과 동일한 작은 조각인

상보적 RNA 두 가닥을 이용해 특정 유전자 발현을 완전히 억제할 수 있는 RNAi의 발견은 이전까지의 지식으로 설명할 수 없었고, 기전에 대한 관심을 불러일으켜 여러 실험실의 후속 연구를 촉진했다. 후속 연구들은 ASO DNA나 RNA에 따른 유전자 발현 억제와는 완전히 다른 새로운 유전자 조절 기전의 발견을 가져왔다. 이후 RNAi 현상은 모든 진핵세포에서 관찰되었고 유전자 발현을 조절하는 중요한 새로운 기전이며, 한편 바이러스의 RNA 등 외부에서 침입한 핵산을 제거하는 방어 방법임이 밝혀졌다.

microRNA

유전학에서 2개의 유전자가 기능적으로 연결되어 있을 때, 한 유전자의 변이로 인해 나타나는 표현형이 또 다른 유전자의 변이로 인해 억제되는 현상을 관찰할 수 있다. 이런 경우 처음 변이의 표현형을 억제하는 또 다른 유전자의 변이를 처음 표현형을 억제한다고 해서 억제자(suppressor)라고 한다. 억제자를 찾는 방법은 생리적으로 동일한 현상에 기능적으로 관련된 새로운 유전자를 찾아내는 유용한 유전학적 접근법이다. 생물 내에서 RNAi 기능을 하는 유전자는 억제

자를 찾는 유전학적 방법으로 예쁜꼬마선충에서 처음 발견
되었다.

　　미국의 발달 생물학자 빅터 앰브로스(Victor Ambros,
1953년~)는 선충에서 변이되었을 때 성체가 되는 것을 늦추는
발생 과정을 조절하는 유전자 변이 lin-14의 표현형을 억제하
는 다른 유전자의 변이를 찾다가 lin-4라는 유전자 변이를 발
견했다. 빨리 성체로 발생하게 하는 lin-14 변이와는 반대로
lin-4 유전자는 변이되었을 때 더 천천히 성장하는 특징을 보
여 주었다. lin-4 유전자의 염기 서열을 확인해 보니 단백질에
대한 정보를 갖는 다른 유전자들보다 염기 서열 개수가 훨씬
적었고 단백질을 만드는 아미노산 서열에 대한 정보를 제공
하지 않았다. lin-4 유전자의 mRNA는 단백질로 번역되지 않
았고 전사된 후 작게 잘려서 21개의 뉴클레오타이드가 연결
된 작은 RNA 조각을 만들었다. 이 lin-4 RNA 조각은 lin-14
유전자 mRNA에서 아미노산에 대한 정보를 제공하지 않는
3′ UTR와 상보적이었고 여기에 결합해 lin-14 mRNA가 분
해되도록 유도하는 것으로 밝혀졌다. 즉 lin-4 mRNA가 직
접 lin-14 mRNA의 발현을 억제해 그 기능을 막을 수 있다
는 것이다. 이렇게 lin-4 유전자에서 발현된 RNA가 처음으

로 발견된 microRNA였다.

 lin-4 유전자에서 만들어진 작은 RNA 조각처럼 외가닥의 뉴클레오타이드로 이루어진 아미노산 서열에 대한 정보를 제공하지 않는 작은 RNA를, 통칭해 microRNA라고 한다. microRNA들은 또 간략히 miRNA라고도 표기한다. (미르(miR)라고 줄여 부르기도 한다.) 처음 자신에 대한 정보를 갖는 유전자로부터 RNA로 전사되었을 때 일반적으로 그 내부 염기 서열에 짧은 염기 서열이 반복적으로 들어 있다. 따라서 microRNA들은 외가닥 RNA 내 염기의 상보적 결합으로 헤어핀과 같은 구조를 갖고, 궁극적으로 이들이 잘리고 다듬어져 뉴클레오타이드 20~25개 길이의 microRNA로 변환되어 다른 mRNA의 번역 과정을 억제한다. lin-4의 발견 이후 모든 진핵세포 생물, 특히 초파리, 생쥐, 인간 등 동물과 식물에서 많은 microRNA 그룹에 속하는 RNA와 이들에 대한 정보를 갖는 유전자들이 발견되었다. 반면 대장균 등 원핵세포에는 microRNA가 없다. 그러므로 microRNA를 이용한 유전자 발현 조절 방법은 진핵생물의 진화 과정에서 새롭게 채택된 것으로 보인다.

 사람의 유전체에서는 1,000개 이상의 microRNA를 발현하는 유전자들이 새로이 확인되었고 그중 약 40퍼센트는 다른 유전자의 인트론이나 엑손 염기 서열 중에 존재한다고 알려졌다. 또한 전체 유전자의 절반 이상이 microRNA에 의해 발현이 조절되는 것으로 밝혀졌다. 즉 microRNA가 진핵세포에서 유전자의 발현을 조절하는 새로운 방법이라는 이야기다. 그러므로 조직이나 장기의 세포에서 특정 microRNA의 기능 이상이나 과발현은 여러 표적 유전자들의 발현 이상을 야기해 다양한 질환의 원인이 되는 것으로 밝혀지고 있다.

RNAi

이제는 RNA에 의존하는 발현 억제를 통해 유전자를 침묵(gene silencing)시키는 모든 과정을 통칭해 RNAi라고 한다. 즉 외부에서 넣어 준 dsRNA나 microRNA에 의한 유전자 발현 억제를 모두 RNAi라고 한다. RNAi는 크게 보면 결국은 RNAi 작동 기전으로 만들어지는 ASO RNA 조각을 이용하는 것이다. 그렇지만 세균에서 처음 발견된 단순한 ASO를 이용해 mRNA의 발현을 억제하는 기전과는 완전히 다른, 진핵세포에만 존재하는 새로운 방법으로 유전자의 발현을 억제한다.

　　외부에서 들어온 바이러스 등의 RNA 혹은 인위적으로 넣어 준 dsRNA가 mRNA의 발현을 억제하는 과정에 대해 살펴보자. 외부에서 유입된 dsRNA는 세포질에서 잘려 20~25개의 뉴클레오타이드가 연결된 상보적 염기끼리 짝을 이룬 dsRNA 조각이 된다. 이런 dsRNA 조각을 짧은 간섭 RNA(small interfering RNA, siRNA)라고 한다. siRNA들은 세포질에서 각각 한 가닥으로 나뉜 후 염기 서열에 상보성을 갖는 mRNA에 결합하고 mRNA가 잘리도록 한다. 잘린 mRNA에는 리보솜이 붙는 번역이 불가하므로 mRNA의 발현을 불가능하게 만든다.

　　dsRNA들은 세포질에 존재하는 RNA 유도 억압체(RNA-induced silencing complex, RISC)라는 여러 단백질과 RNA가 모여서 이루어진 복합체에 결합해 siRNA로 다듬어지고, 두 가닥 중 한 가닥이 잘려 없어지고 안티센스 가닥만 남는다. RISC는 한 가닥이 된 뉴클레오타이드 20~25개의 siRNA와 상보성을 갖는 부분이 있는 mRNA를 불러오고, siRNA는 이 mRNA와 결합해 mRNA를 잘라 조각내 번역될 수 없게 한다. 이런 이유로 145쪽에서 설명한 특정 유전자의 염기 서열 부분을 갖는 dsRNA를 집어넣었을 때 유전자 발현이 억제되는 RNAi 현상이 처음 관찰된 것이다. 이 원리를 이용해 발현을 억제하고 싶은 유전자의 mRNA와 동일한 염기 서열을 갖는 20~25개의 짧은 이중 가닥 siRNA을 실험실에서 만들어 세포에 넣어 주면 특정 유전자의 발현을 억제하는 방법으로 이용될 수 있다.[18]

염색체 내 유전자 정보를 따라 핵 내에서 전사된 많은 microRNA는 일반적으로 그 내부 염기 서열에 짧은 염기 서열이 반복적으로 들어 있어 외가닥 RNA 내의 염기의 상보적 결합으로 헤어핀과 같은 구조를 갖고 있다. 이들은 microRNA에 대한 정보를 갖는 유전자에서 전사된 후 기능을 수행할 수 있도록 핵 안과 세포질로 옮겨진 후 각각 다듬어지는 과정을 거친다. 드로샤(Drosha)는 dsRNA를 절단할 수 있는 효소(ribonuclease)로 진핵세포의 핵 내에서 발현된 microRNA를 다듬는 과정의 핵심 효소이다. microRNA는 핵 내에서는 드로샤 등에 의해 잘리고 화학적으로 변형된 후 핵 밖으로 운반되며, 핵 밖에서 RISC에 결합해 잘려지고 20~25개의 뉴클레오타이드를 갖는 외가닥의 microRNA로 다듬어진다. RISC에 붙어 있는 다듬어진 microRNA는 주로

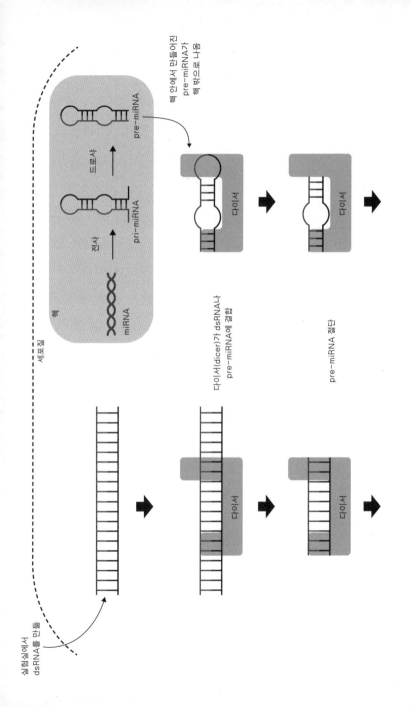

세포질

실험실에서
dsRNA를 만듦

핵

miRNA

전사

pri-miRNA

드로샤

pre-miRNA

핵 안에서 만들어진
pre-miRNA가
핵 밖으로 나옴

다이서

다이서

다이서(dicer)가 dsRNA나
pre-miRNA에 결합

다이서

pre-miRNA 절단

다이서

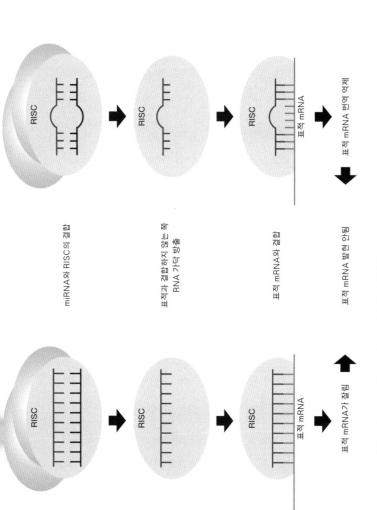

그림 15 microRNA와 siRNA의 유전자 발현 억제 기전.
mRNA가 잘리거나 리보솜에 결합할 수 없게 되어 유전자 발현이 억제된다.

miRNA와 RISC의 결합

표적과 결합하지 않는 쪽
RNA 가닥 방출

표적 mRNA와 결합

표적 mRNA 발현 안됨

표적 mRNA

표적 mRNA 번역 억제

표적 mRNA

표적 mRNA가 잘림

RISC

RISC

RISC

RISC

RISC

RISC

mRNA에서 번역되지 않는 부분인 3′ UTR에 상보적 염기 서열을 갖는 다양한 mRNA 표적과 결합해 이들의 단백질로의 번역을 억제한다. 김빛내리 서울 대학교 교수는 microRNA가 전사된 후 핵 내에서 다듬어지는 과정에 중요한, RNA을 자르는 효소인 드로샤를 처음으로 발견하고 RISC에서 microRNA의 작동 기전과 생리적 기능을 밝히는 데 큰 기여를 했고, microRNA 연구의 세계적 대가로 인정받고 있다.[19]

siRNA와 microRNA 모두 다 잘려서 20~25개 뉴클레오타이드로 이루어진 작은 RNA 조각이 된 후 표적 mRNA의 단백질로의 발현을 억제한다면 둘의 명확한 차이는 무엇일까 의문을 갖는 독자들이 있을 것 같다. siRNA는 주로 외부에서 들어온 dsRNA로 인한 경우고 microRNA는 세포 내 유전자에서 발현되는 것이다. 또 siRNA는 표적 mRNA와 완벽하게 상보적인 염기 서열이 있을 경우만 결합해 mRNA를 절단해 분해한다고 알려졌다. 반면 microRNA는 주로 표적 mRNA의 번역되지 않는 3′ UTR에 결합하고 염기 서열의 상보성이 완전히 일치하지 않아도 결합할 수 있어 3′ UTR 부분에 유사한 염기 서열을 갖는 여러 유전자의 mRNA 발현을 한꺼번에 조절할 수 있다. 3′ UTR에 결합한 microRNA

는 mRNA에 붙은 poly-A 꼬리를 잘라 mRNA를 불안정하게 하거나 mRNA를 자르거나 리보솜이 붙지 못하게 하는 등여러 가지 방법으로 mRNA 발현을 억제한다.

왜 우리는 RNA 간섭 기전을 갖고 있을까?

RNAi 기전은 진핵세포에서만 관찰된다. RNAi가 생존에 어떤 유리한 점이 있어 우리는 진화 과정에서 RNAi 기전을 발달시킨 것일까?[20] 현재까지의 연구 결과들을 종합하면 RNAi의 기능을 세 가지 정도로 정리해 볼 수 있겠다.

첫째, 많은 연구 결과들은 microRNA에 의한 RNAi가 진화 과정에서 개체의 발생 과정과 세포의 생리적 기능을 정교하게 조절하기 위해 이미 전사된 유전자의 발현을 세밀하게 조절하는 중요한 방법으로 선택되었음을 제시한다.

둘째, 진핵세포에서 dsRNA를 제거하는 RNAi 기전은 원래 RNA 바이러스 침입에 대한 방어 기전으로 진화한 것으로 추측된다. 일반적으로 진핵세포의 세포질에는 dsRNA가 존재하지 않지만 RNA를 유전 정보로 갖는 바이러스가 침입하면 바이러스가 증식하는 과정에서 dsRNA가 만들어지기 때문이다.

셋째, RNAi는 유전체의 안정성을 유지하는 데도 매우 중요한 기능을 수행하고 있다. 우리의 유전체 DNA에는 트랜스포손(transposon)이라는 작은 DNA 염기 서열이 존재한다. 이 부분은 유전체의 여기저기로 옮겨 다닐 수 있는 특징이 있어 점핑 유전자(jumping gene)라고도 불린다. 트랜스포손의 존재는 유전체를 옮겨 다니며 다양한 변이를 촉발해 진화 과정을 촉진하도록 다양한 유전 정보의 변화를 유발할 수 있는 장점이 있다. 반면 트랜스포손이 중요한 유전자 사이로 들어가서 유전자가 제대로 기능을 수행할 수 없게 되면 치명적으로 작용할 수 있는 문제도 있다.

따라서 특히 다음 세대로 유전 정보를 전달하는 정자나 난자를 만드는 생식 세포에서는 트랜스포손의 기능이 저해되어야 하고 유전체의 안정성이 유지되어야 한다. 트랜스포손은 유전체에서 다른 곳으로 옮겨 가기 위해 먼저 RNA 형태로 읽히게 되고 dsRNA로 만들어질 수 있으므로 여기에 결합해 이들이 유전체의 다른 부분으로 점핑하는 것을 막는 기능의 microRNA가 존재한다. 따라서 필요한 경우 RNAi가 작동해 트랜스포손에 의한 유전체 내 유전 정보 손상을 막고 유전체를 안정하게 유지할 수 있다.

유전자
침묵시키기

11

RNAi의 무한한 응용 가능성

유전자의 기능을 알고 싶을 때 가장 먼저 수행하는 연구는 세포나 개체에서 특정 유전자의 발현을 억제해 보는 것이다. 가장 많이 사용되는 방법이 유전체에서 특정 유전자에 해당하는 DNA 염기 서열 전체나 일부를 제거하고 어떤 생리적 변화와 문제가 생기는지 관찰하는 것이다. 그러나 그 유전자가 생명 유지에 꼭 필요한 유전자라면 이런 유전자를 제거할 경우 세포는 죽고 개체는 발생이 되지 않아 유전자의 기능을 유추하기 어렵다. 또한 지금은 CRISPR 유전자 가위의 발견으로 생명체의 유전체에서 특정 유전자를 제거하거나 바꾸는 것이 이전보다는 훨씬 수월해졌지만 개체의 유전 정보를 완전히 바꾸는 작업은 수정란에서만 가능하다. 몸에는 수십조 개의 세포가 존재하기에 유전 정보를 따라 개체가 이미 발생한 후에는 각 세포 모두에서 유전자를 없애거나 바꾸는 것이 불가능하다. 또 인간에서는 아직 수정란 유전체 내의 유전자를 임의로 바꾸는 유전자 치료가 허용되지 않았다.

그러나 RNAi 방법을 이용한다면 유전체 내의 유전자 정보를 바꾸지 않아도 특정 조직의 세포 등 원하는 세포에서 손쉽게 유전자의 발현을 조절해 유전자의 생리적 기능을 통제할 수 있다. 원하는 조직의 세포에 표적 유전자 발현을 선택적으로 억제하기 위해 RNAi를 유도하는 ASO나 siRNA를 넣어 주거나 발현시키는 과정은 유전자를 제거하는 것보다 기술적으로 훨씬 쉽고 또 그 효과도 영구적이 아니므로 매우 유용한 유전자 조절 도구로 기능을 수행할 수 있다.

RNAi는 손쉽고 유용한 유전자 발현 억제 도구이므로 유전자 발현 이상으로 야기되는 많은 질병을 치료하는 데 사용할 수 있는 엄청난 의학적 응용 가능성이 있다. 아마도 이런 가능성 때문에 1998년 RNAi 현상을 처음 발견한 멜로와 파이어는 8년 밖에 지나지 않은 2006년에 노벨상을 받았는

지도 모르겠다. RNAi는 지금도 대부분 생명 과학 분야의 실험실에서 유전자의 기능을 억제하는 유용한 방법으로 사용되고 있다. 또 현재는 마땅한 치료법이 없는 유전자 기능 이상으로 야기되는 많은 질환의 치료제로서 개발되었고 지금도 개발되고 있다.

2018년부터 2022년까지 5종의 siRNA를 이용한 신약이 이미 개발되어 환자에 사용하도록 미국 FDA나 유럽 EMA 승인을 받았다. 이들은 약 21개 뉴클레오타이드의 이중 가닥 siRNA들로 파티시란(Patisiran, 상품명 온파트로(Onpattro)), 기보시란(Givosiran, 상품명 기블라리(Givlaari)), 루마시란(Lumasiran, 상품명 옥스루모(Oxlumo)), 인클리시란(Inclisiran, 상품명 레크비오(Leqvio)), 부트리시란(Vutrisiran, 상품명 암부타(Amvutta)) 등이다. 그중 파티시란은 유전적 이상으로 트랜스티레틴(transthyletin)이라는 단백질의 돌연변이체가 만들어지고 이로부터 아밀로이드 단백질 침전물이 생성되어 신경 세포가 사멸하게 되는 성인에게 유발되는 말초 신경 다발 신경병증에 대한 치료제로 개발되었다. 파티시란은 돌연변이된 트랜스티레틴 단백질에 대한 mRNA에 결합해 이 단백질의 번역 과정을 방해해 증상을 치료한다.

이 RNAi 신약 5종은 모두 간(liver)에서 발현되는 mRNA를 표적으로 한다. 이유는 체내로 들어온 이 물질인 siRNA는 해독 기능이 있는 간으로 옮겨져 간 세포에 빠르게 축적되기 때문이다. 또 현재 간 이외에 눈이나 피부 등 상대적으로 siRNA를 투약하기 쉬운 장기를 중심으로 수십 개의 siRNA 신약 후보들이 FDA나 EMA 승인을 받기 위해 임상 2상이나 3상을 진행 중이다.[21]

표적 유전자의 mRNA에 대해 상보적인 염기 서열을 갖는 20개 내외의 뉴클레오타이드로 이루어진 ASO, 특히 합성해 만들기도 쉽고 체내에서 RNA보다 안정한 DNA 조각을 세포에 집어넣어 유전자 발현을 억제하는 ASO도 여러 질병의 치료제로 개발되었고 또 개발되고 있다. ASO는 개발 자체가 화합물을 사용하는 다른 신약에 비해 기술적으로 어렵지 않기 때문에 특히 현재 치료제가 없고 환자의 수가 많지 않지만 유전자의 변이로 발생하는 치명적인 다양한 유전병에 대한 효과적인 치료법으로 시도되고 있다.

ASO 치료제로는 가장 먼저 2013년 가족성 고콜레스테롤혈증(familiar hypercholesterolemia)에 대한 치료제 미포멀슨(mipomersen, 상품명 카이남로(Kynamro))이 FDA 승인을 받았다. 그 후 뉴시너센(nusinersen, 상품명 스핀라자(Spinraza))는 척추근위축증(spinal muscular atrophy, SMA)에 대한 치료제로 2016년 승인을 받았으며, 그밖에도 다양한 ASO는 두센느 근위축증(Duchenne muscular dystrophy, DMD), 루게릭병, 베튼병 등 치명적인 유전병의 증세를 호전시키는 치료제로 FDA나 EMA의 승인을 받아 사용되고 있다.[22] 또 현재도 50종 이상의 ASO가 임상 시험 중으로 그중 많은 것들이 임상 2상 또는 3상을 진행하고 있으므로 곧 상품화될 가능성이 크다. 특히 현재는 좋은 치료제가 없는 치매를 유발하는 알츠하이머병, 헌팅톤병, 심혈관 질환, 크론병 등 유전자 이상으로 야기되는 다양한 질환이 포함되어 있다.

ASO와 siRNA 치료제의 기술적 한계

ASO와 siRNA 치료제를 개발할 때 가장 중요하게 고려해야 하는 것은 이들이 정확하게 표적 유전자의 mRNA에만 적중될 수 있도록 그 염기 서열을 결정하는 것이다. 만약 사용한 ASO나 siRNA 염기 서열이 표적뿐 아니라 다른 유전자의 mRNA의 염기 서열과도 상보성이 있으면 표적이 아님에도 이 mRNA와 결합해 그 발현을 억제해 여러 부작용을 가져올 수 있기 때문이다. ASO와 siRNA 모두 그 염기 서열의 상보성이 mRNA와 완전히 일치하지 않고 일부만 상보적인 경우도 결합이 가능할 수 있다. 이렇게 표적이 아닌 다른 유전자의 발현에 영향을 미칠 가능성을 표적 이탈(off-target) 효과라고 한다. 표적 이탈 효과를 최소화하면서도 표적 유전자의 발현 억제 효율을 높이기 위해서 ASO나 siRNA의 표적에만 특이적이고 다른 유전자에는 유사 염기 서열이 없는 부분의 염기 서열로 설계하는 것이 매우 중요하다.

ASO와 siRNA를 치료제로 개발하는 데 직면하고 있는 가장 큰 기술적 한계는 이 물질들을 인체의 다양한 조직에 있는 세포로 전달하는 것이다. 인체에 주사된 ASO와 siRNA는 해독을 위해 저절로 간으로 모이게 된다. 현재는 이 핵산으로 이루어진 치료제들은 간 이외의 조직에서는 눈이나 피부, 척추 등 국소적으로 ASO나 siRNA를 직접 조직에 주사할 수 있는 경우만 사용할 수 있으며 주사가 용이하지 않은 조직은 이들을 전달하는 방법이 없어 사용하기 어려운 제약이 있다.

또한 ASO와 siRNA이 조직으로 전달되었다고 해도 또 다른 기술적 한계는 세포 내로 이들을 전달하는 과정이다. DNA나 RNA 모두 뉴클레오타이드가 연결되어 있어 그 기둥에는 음전하를 갖는 인산이 바깥쪽으로 노출되어 있다. 또 세포막을 그냥 통과하기에는 매우 크다. 따라서 세포막을 통과해 세포 안으로 들어가기가 거의 불가능하다. 그래서 이들을 세포 안으로 전달하려면 앞의 mRNA 백신과 동일하게 세포막과 구조가 유사한 지질막으로 이루어진 리포솜이나 LNP로 감싸 주어야 한다.

ASO와 siRNA의 전달 효율을 증가시켜 약효를 높이기 위해, 최근에는 세포 안으로 이들의 전달 효율을 높이는 다양한 물질과 ASO나 siRNA를 직접 연결한 접합체로 만들기도 한다. 특히 ASO의 경우 최근에는 구성하는 뉴클레오타이드를 화학적으로 변형시켜 전달 효율을 증가시키는 방법도 개발되고 있다. 즉 mRNA 백신과 마찬가지로 ASO나 siRNA 치료제의 성공 여부는 얼마나 필요한 조직 세포 내부로 이 물질을 효율적으로 전달할 수 있는가에 달려 있다.

주로 DNA 조각을 사용하는 ASO와 달리 siRNA를 치료제로 사용할 때에는 기술적으로 몇 가지 더 고려해야 할 점이 있다. 1강에서 언급한 것처럼 인체에는 도처에 RNA를 잘라 없앨 수 있는 RNA 분해 효소 RNase가 존재하고 있다. 그러므로 우선 siRNA가 인체에 유입되면 쉽게 잘려 없어져 버릴 수 있다. 이를 피하기 위해 siRNA를 잘 분해되지 않도록 화학적으로 변형시키는 것이 필요하다. 또 많은 양의 siRNA가 인체로 들어오면 치명적인 선천성 면역 반응을 일으킬 수 있으므로 염증성 면역 반응을 회피할 수 있도록 RNA를 변형시켜 사용해야 한다.

조직 세포로의 전달 효율과 안정성 증가, 인체 면역 반응을 회피할 수 있도록 하는 화학적 변형 등 siRNA를 효과적 치료법으로 개발하기 위해 기술적으로 극복해야 하는 한계들은 6강에서 언급했던, mRNA를 더 효율적인 백신으로 개발하기 위해 필요한 기술과 같다. 이 문제점들을 극복할 수 있다면 인류는 mRNA 백신과 RNAi라는 매우 유용한 도구를 손에 넣게 될 것이고 다양한 질병의 예방과 치료에 효율적으로 사용할 수 있을 것이다.

생명 현상의
열쇠

12

세포 내에는 단백질에 대한 정보를 갖고 있는 유전자의 전사를 통해 만들어지는 mRNA 외에 많은 종류의 RNA가 존재한다. 이런 RNA들도 물론 유전체에 있는 RNA 각각에 대한 유전자의 전사로 인해 만들어지지만, 이들은 RNA 자체로서 기능하고 단백질로 번역되지 않는다. 이렇게 RNA 중 RNA 자체로서의 기능이 알려진 RNA는 기능성 RNA(functional RNA)라고 한다. 가장 잘 알려진 기능성 RNA는 유전자의 번역 과정에서 mRNA의 염기 서열의 코돈 정보에 상보적으로 결합해 이에 해당하는 아미노산을 운반해 주는 tRNA이다. 또한 10강에서 설명한 mRNA에 결합에 다양한 방법으로 mRNA의 번역을 억제하는 microRNA도 대표적인 기능성 RNA이다. 생명 현상을 유지하기 위해 중요한 기능을 수행하는 많은 기능성 RNA들이 밝혀졌고 또 밝혀지고 있다.

이번 12강에서는 세포 안에서 생명 현상을 조절하는 데 중요한 기능을 수행하고 있는 모든 기능성 RNA에 대해 다 다룰 수는 없지만, 최근에 특별히 중요한 기능이 알려지는 몇몇 기능성 RNA에 대해 간단히 살펴보려고 한다. 여러 기능성 RNA 각각의 생리적 조절 기능에 대해서는 비교적 최근에야 연구가 깊이 이루어지기 시작했고 앞으로 본격적인 연구가 필요한 분야다. 이 부분을 특별히 소개하는 이유는 우리가 아직 RNA와 다양한 RNA 매개 생명 현상에 대한 이해가 매우 부족한 상황으로 앞으로 많은 연구가 필요하다는 것을 강조하고 싶기 때문이다.

또한 최근에는 유전체에 단백질 합성에 대한 정보를 제공하지 않고 아직 특별한 기능도 밝혀지지 않은 많은 RNA에 대한 유전 정보가 존재하고 이들도 RNA로 전사된다고 보고되었다. 이들을 통칭해 비번역 RNA(non-coding RNA, ncRNA)라고 한다. 12강에서는 ncRNA의 존재와 알려지기 시작한 연구 내용에 대해서 잠깐 이야기하려고 한다. 내 예상에는 ncRNA가 『RNA 특강』에서 계속 공부해 온 전사, 번역 등의 유전자 발현 기전에 대한 섬세한 조절뿐 아니라 외부에서 오는 다양한 스트레스나 노화 등을 조절하는 과정에서 기능을 수행할 가능성이 매우 크다. 그래서 앞으로 ncRNA의 여러 기능을 밝히는 연구가 생명 현상을 더 세밀하게 이해하기 위한 핵심 과정이 될 것 같다.

핵에 존재하는 작은 RNA들

핵 안에는 여러 종류의 작은 RNA들이 존재한다고 알려져 있다. 이 핵 안에 존재하는 작은 핵 RNA(small nuclear RNA)들을 snRNA라고 한다. 뉴클레오타이드 150개 정도가 연결된 길이의 RNA이다. 핵 안에 존재하는 작은 RNA의 가장 잘 알려진 기능은 8강에서 유전자 전사에 의한 mRNA의 생성 과정을 설명할 때 등장했던 스플라이싱의 정확한 조절이다. 9강에서 세포의 핵에 존재하는 유전 정보인 DNA가 RNA로 전사된 후 단백질로 번역될 수 있는 mRNA로 만들어지는 과정에 대해 공부했다. DNA 염기 서열인 유전자 자체가 단백질에 대한 정보로 이용되는 부분과, 이용되지 않는 부분으로 이루어져 있다. 따라서 유전자 DNA를 전사한 RNA도 전사된 정보 전체가 단백질로 번역되는 것이 아니라 유전 정보를 갖고 있는 엑손 부분과, 유전 정보를 갖고 있지 않은 인트론 부분으로 나뉘어 있고 mRNA가 만들어지기 위해서는 인트론 부분을 잘라내고 엑손 부분을 순차적으로 이어 붙여야 한다. 이 과정이 스플라이싱이다. 따라서 유전 정보가 제대로 단백질로 발현되기 위해 스플라이싱이 매우 중요하고 여러 종류의 핵 안의 작은 RNA들은 스플라이싱 과정을 정확하게 조절하는 데 꼭 필요하다고 알려져 있다.

스플라이싱 과정은 세포에서 유전 정보인 염색체 DNA가 핵에 존재하기에 전사가 일어나는 핵 내에서 일어난다. 스플라이싱 과정은 스플라이소좀(spliceosome)으로 불리는 핵 내 작은 RNA들과 관련 단백질들이 복합체를 이룬 구조물이 주로 수행한다. 즉 핵 안에 존재하는 작은 RNA들은 스플라이소좀을 구성하는 중요한 성분으로 스프플라이싱 과정에서 중요한 기능을 수행하는 기능성 RNA의 한 종류다. 스플라이소좀은 굉장히 역동적인 구조로, 항상 존재하는 것이 아니라 RNA가 전사되면 RNA의 엑손과 인트론 경계 부분에 다양한 핵 내 작은 RNA들과 여러 종류의 구성 단백질 성분들이 모여 조립되어 만들어졌다가 그 기능이 끝나면 해체되는 구조물로 알려졌다. 스플라이소좀의 존재는 1977년 샤프와 로버츠가 진핵세포의 유전자에 엑손과 인트론이 존재한다는 것을 처음 밝히면서 알려지게 되었다. 스플라이소좀은 인트론의 특정 염기 서열을 인식해 인트론을 잘라내는 기능을 수행한다고 보고되었다. 그러나 스플라이소좀은 여러 RNA들과 단백질로 이루어진 매우 큰 구조물이므로 분자적 구성 성분 및 내부 구조와 조립 과정은 아주 최근에 와서 알려지기 시작했다.

핵 내 작은 RNA는 스플라이소좀을 형성해 정확한 mRNA를 만들어 내는 스플라이싱 조절 기능을 수행하는 외에 핵 내에서 다양한 단백질들과 RNA-단백질 복합체를 형성한다고 알려져 있다. 이러한 복합체는 특히 활발히 분열하거나 에너지 소비가 많은 신경 세포 등에서 관찰되며 유전자의 발현 등을 조절한다고 최근 알려지기 시작하고 있다. 이러한 핵 내 작은 RNA와 이들이 이루는 복합체(Cajal body)에 특별한 관심을 갖기 시작한 이유는 그 생성과 해체 과정이 제대로 작동하지 않으면 혈액암 등 다양한 암이나 신경 기능 이상과 관련된 여러 치명적 질환을 유발한다는 것이 최근 속속 알려지기 시작했기 때문이다.

　　진핵세포의 핵을 현미경으로 관찰하면 더 진하게 보이는 부분이 있다. 보통 인(nucleolus)이라고 불리는 부분이다. 인 내에도 다양한 작은 RNA들이 존재한다. 인은 핵 안에 존재하는 유전 정보인 DNA, 다양한 RNA들과 단백질들이 복합체를 이룬 거대한 구조물이다. 인은 현재 mRNA의 번역 과정을 가능하게 하는 리보솜이 만들어지는 장소로 잘 알려져 있다. 그래서 인 부분의 DNA는 대부분 리보솜을 구성하는 RNA에 대한 유전 정보를 갖고 있고, 인을 구성하는 다양한 작은 RNA들은 리보솜을 구성하는 RNA들이 mRNA 번역 기능을 제대로 수행할 수 있도록 다듬는 기능을 한다고 알려졌다. 인은 세포의 생존에 필수적인 구조로 인이 제대로 기능을 수행하지 못하면 여러 가지 치명적인 질환으로 나타나는 것이 보고되었다. 이토록 중요한 인의 다양한 기능과 이에 관련된 다양한 RNA의 역할은 이제 막 알려지기 시작하고 있다.

lncRNA

2003년 인간 유전체 프로젝트가 완결되었을 때 가장

이해할 수 없던 사실은 전체 유전체 DNA 염기 서열 중 일반적으로 유전자라고 부르는 단백질에 대한 유전 정보를 갖는 부분이 전체의 2퍼센트 정도밖에 되지 않는다는 것이었다. 또한 인간 유전체는 초파리나 지렁이에 비해 20배 이상 큰데 비해 유전자 수는 크게 다르지 않았다. 그래서 성급한 사람들은 유전자에 대한 정보가 아닌 부분을 쓰레기라는 의미로 정크(junk)라고 부르기도 했다.

그러나 생명 현상을 조금이라도 깊게 생각해 본 사람이라면 생명체가 매우 효율적인 시스템인 것을 안다. 이렇게 효율적인 시스템이 세포가 증식할 때마다 복제해야 하는 유전체에 필요 없는 정보를 이렇게 많이 갖고 있다는 것은 이해하기 어려운 사실이었다. 또 복잡한 생물로 갈수록 유전체에서 유전자가 아닌 부분이 늘어난다는 사실은 이들이 복잡한 생명 현상의 조절에 중요한 기능을 할 것이라는 유추를 가능하게 했다. 그래서 이 유전자에 대한 정보를 갖고 있지 않은 부분에 대한 연구가 생명 현상을 이해하는 데 매우 중요할 것으로 예측되어 연구가 본격적으로 시작되었다.

현재는 인간 유전체에서 겨우 3퍼센트만 단백질에 대한 정보를 갖는 mRNA로 전사된다고 알려졌다. 가장 놀라운 사실은 유전자에 대한 정보를 갖고 있지 않고 그 기능을 예측할 수 없는 유전체의 75퍼센트가 모두 RNA로 전사된다는 것이 밝혀진 것이다. 단백질에 대한 정보를 제공하지 않는 RNA를 통칭해 비번역 RNA라고 하지만 그중에는 10강에서 다룬 microRNA와 작은 RNA들도 포함되어 있다. 그러나 그중 많은 부분을 차지하는 것은 보통 200개 이상의 뉴클레오타이드로 이루어진 길이가 긴 RNA들이다. 이들을 통칭해 긴 사슬 비번역 RNA(long non-coding RNA, lncRNA)라고 부른다.

NIH 산하 미국 국립 인간 유전체 연구소(The National Human Genome Research Institute, NHGRI)에서 2003년부터 인간 유전체 프로젝트 후속으로 인간 유전체 DNA의 의미를 이해하기 위해 진행하고 있는 ENCODE(Encyclopedia of DNA Elelments)는 1만 6000개의 lncRNA에 대한 유전자가 있을 것으로 예상한다.[23] 그러나 인간에서 발현되는 lncRNA에 대한 유전자가 10만 개 이상이라고 예측되기도 한다.[24]

그렇다면 이렇게 많은 lncRNA는 도대체 세포 내에서 무슨 기능을 수행하고 있는 것일까 하는 의문이 들 것이다. 아주 최근의 연구 결과들은 lncRNA의 다양한 기능의 비밀을 조금씩 밝히고 있다. lncRNA는 이 책에서 다룬 유전자 발현의 전 과정, 즉 특정 유전자의 전사, 스플라이싱, mRNA 의 단백질로의 번역, microRNA에 의한 mRNA 발현 조절 등의 과정에 모두 중요한 조절자로 참여하고 있다고 알려지고 있다. 현재까지 가장 잘 알려진 lncRNA의 기능은 보통 후성 유전학이라고 하는 유전자 발현의 조절이다.[25]

후성 유전학은 유전체 DNA의 염기 서열뿐 아니라 유전체 특정 부분의 구조가 열리거나 닫히는 것에 의존하게 되는 유전자 발현 조절을 총칭한다. 긴 DNA가 마치 실패에 감긴 실처럼 패킹 상태의 염색체에서 DNA 염기 서열 내 유전자의 발현은 유전자가 존재하는 부분의 구조가 전사가 가능하도록 열려야 하고 또 발현시킬 필요가 없는 유전자가 위치한 부분은 구조적으로 닫아 놓는 것이 효율적이다. lncRNA 가 이렇게 유전체의 특정 부분을 열거나 닫는 과정을 조절하는 중요한 방법이라는 것이다.

이러한 세포의 생명 유지와 기능을 위한 다양한 과정에서 중요한 기능을 수행하는 lncRNA의 기능 이상이 여러 질환의 원인이 되는 것은 너무나 당연한 결과일 것이다. 실제 lncRNA의 기능 이상이 다양한 뇌 질환과 여러 조직의 암, 면역 질환의 원인임이 속속 밝혀지고 있다. 특히 포유동물에서 발달해 있는 뇌는 매우 복잡하고 정교한 기관으로, 뇌에서 약 40퍼센트의 lncRNA가 발현된다고 알려져 있다. 뇌에서 특정 lncRNA 기능의 이상이 알츠하이머병, 헌팅턴병, 루게릭병 등과 각각 연관이 있다고 보고되었다. 이러한 결과들을 종합해 보면, 아직 기능은 잘 밝혀지지 않았지만 인체 전체의 다양한 조직에서 세포의 기능적 항상성이 lncRNA에 의존해서 조절될 수 있음을 예상할 수 있다.[26]

현재는 수천, 수만의 lncRNA 중 아주 극히 일부의 기능이 밝혀지기 시작했고, 아직 대부분 lncRNA의 작동 방식과 기능에 대해서 알지 못한다. 그러나 앞으로 lncRNA에 대해 더 많은 연구 결과가 축적된다면 lncRNA가 조절하는 다양한 생명 현상을 더 잘 이해하게 될 것이고, 그 과정의 이상으로 야기되는 많은 질병을 치료할 수 있는 새로운 가능성과 방법을 갖게 될 것으로 확신한다.

RNA와 세포 내 응집체 생성

세포 내에는 아주 높은 농도의 다양한 단백질이 존재하고 있다. 이런 상황에서 어떻게 특정 기능을 수행하는 단백질들이 필요에 따라 모이고 또 흩어질 수 있는가 하는 질문은 생명 현상을 이해하기 위한 기본적인 질문이지만 그 기전은 분명하지 않다. 세포에는 여러 외부 스트레스나 세포 내 생리적 상황에 반응해 함께 기능을 수행하는 단백질들이 모여 다양한 기능의 응집체(biocondensate)가 생성되는 것이 최근 알려지기 시작했다.

핵 내에 존재하는 인이나 스플라이소좀도 응집체의 일종이다. 이 응집체들은 많은 경우 기능이 필요하면 만들어지고 필요 없는 상황에서는 다시 해체되는 가역적 특징을 갖는다. 미토콘드리아를 비롯한 세포 내 소기관들이 지질의 세포막으로 둘러싸인 것에 대비해, 이 응집체들은 기능은 있지만 막으로 둘러싸이지 않았다고 해 이들을 막 없는 세포 내 소기관(membraneless organelle)이라고도 한다. 중요한 점은 이러한 응집체 형성과 해체의 가역성에 이상이 생겨 응집체가 제대로 생성되거나 해체되지 않으면 많은 질환, 특히 알츠하이머병, 루게릭병, 파킨슨병 등 뇌 질환과 암 등 치명적 질병의 직접적 원인이 된다는 것이다.

단백질 응집체에 대해 이야기하는 이유는 여러 RNA가 세포 내에서 다양한 단백질 기능 응집체의 생성을 위한 뼈대로 매우 중요한 역할을 수행하는 것이 최근 밝혀지고 있기 때문이다. 이런 결과는 우리가 생명을 유지하는 데 필수적인 현상인 세포 내에서 필요한 물질들이 모이고 흩어지는 과정도 RNA가 정교하게 조절할 가능성이 매우 큼을 시사한다. 그러나 어떻게 특정 RNA들과 단백질들이 뭉쳐서 복합체를 이루어 지정된 기능을 수행하고 또 어떻게 이들이 다시 해체될 수 있는지, 해체 과정의 이상은 왜 일어나는지 등등 연구는 이제 막 시작 단계다. 앞으로 많은 연구가 필요하며, RNA가 단백질과 복합체를 이루는 다양한 경우와 이들의 생리적 기능에 대한 이해는 궁극적으로 어떻게 물질이 모여 생명 현상을 보이는 생명체가 지구에 처음 출현하게 되었는지, 또 생명 현상은 어떻게 정교하게 조절되는지 등 생명의 기본을 밝히는 매우 중요한 열쇠가 될 것이다.

CRISPR RNA

유전자 가위로 잘 알려진 CRISPR도 기능성 RNA의 한 종류다. CRISPR는 세균에만 존재하는 유전자다. 다양한 세균에 존재하는 CRISPR라는 유전자는 세균에서 침입한 바이러스의 유전 정보 일부를 그 유전자에 끼워 넣어 저장하는 일종의 적응 면역계다. CRISPR에 저장된 정보의 바이러스가 다시 침입하면 세균은 CRISPR 유전자를 전사해 RNA로 발현시킨 후 22개 내외의 조각으로 잘라 핵산을 자르는 효소 Cas9과 복합체를 만든다. 이 복합체는 RNA와 상보적인 유전 정보를 갖는 침입한 바이러스 유전자를 찾아가 침입한 바이러스의 유전 정보를 Cas9으로 자른다. 이를 응용해 CRISPR 유전자 내에 우리가 자르고 싶은 유전자 염기 서열을 대신 넣어 주어 이 CRISPR를 RNA로 발현시킨 후 그 상보적 유전자 염기 서열을 찾아가게 하고 Cas9 등 핵산을 자르는 효소로 자르도록 개발한 것이 바로 유전자 가위다.[27]

12강에 나온 다양한 경우에서 볼 수 있는 것처럼 RNA는 유전자 발현으로 인해 생성되는 단백질 합성을 매개하는 mRNA 외에도 세균부터 식물, 동물의 모든 생명체에서 다양한 방법으로 여러 가지 생명 현상을 매개하는 중요한 조절자의 기능을 수행하고 있다. 또 RNA 기능의 범위는 앞으로 계속 넓어질 것이다.

마치며

이 책은 코로나19바이러스 팬데믹을 한창 통과하고 있을 때 썼다. RNA에 관한 내용은 지금 한창 연구가 진행 중인 생명 과학 분야 연구 주제다. 또 RNA가 세포의 다양한 생리 과정에서 중요한 기능을 수행하기에 유전자의 발현 과정을 비롯한 세포의 생리 조절 과정에 대한 기본 지식이 없으면 이해하기 어렵다. 그래서 과연 비전공자들에게 RNA에 관한 설명이 흥미가 있을까, 너무 어렵지는 않을까 하는 우려로 책으로 내기를 계속 망설이고 있었다. 그러던 중 2023년 10월 노벨 생리 · 의학상 수상자로 커리코와 와이스먼이 선정되었고, 노벨상을 통해 RNA에 대한 일반인들의 관심이 높아지지 않았을까 해 책으로 엮을 결심을 할 수 있었다.

또한 코로나19 mRNA 백신의 성공으로 최근 많은 RNA 치료제들이 약으로 개발되어 허가를 받았고, 지금도 더 많은 RNA 치료제가 개발되고 있는 현실에서 이들의 가능성과 한계에 대해 일반인들이 제대로 이해하는 것이 필요하다고 생각했다. 설사 관심 있는 사람이 소수라도 이제는 RNA라는 물질의 중요성을 사회에 인식시킬 수 있는 책이 필요한 시점이 된 것 같았다.

커리코와 와이스먼은 mRNA를 백신으로 사용할 수 있도록 mRNA를 변형시켜 인체의 선천적 면역 반응인 염증을 회피할 수 있는 방법을 처음 제시한 과학자들이다. 이들의 연구 덕분으로 인류는 mRNA 백신이라는 새로운 방법을 통해 빠르게 치명적인 코로나19 팬데믹으로부터 빠져나올 수 있었다. 그러나 지금은 영웅화된 이들의 연구가 과학계에서 인정받기까지는 매우 긴 시간이 필요했다. 과학적인 발견을 넘어 이들이 긴 시간 어려움 속에서 mRNA를 백신으로 개발할 수 있도록 기초 연구 주제를 지켜온 과정은 현재 유행이 아닌 연구를 수행하면서 연구비 수주의 어려움을 겪고 있는 나에게 개인적으로 큰 위로가 되었다. 그래서 과학적인 내용을 떠나서도 그들의 이야기를 공유하고 싶었다. 그들이 어렵게 연구를 지속해 온 과정은 나뿐 아니라 연구에 어려움을 겪고 있는 많은 기초 연구자들과 현재의 삶이 어렵지만 자신의 꿈을 믿고 나아가는 젊은 과학도들에게 용기를 북돋을 수 있는 이야기가 될 수 있을 것이라 생각했다.

커리코는 헝가리에서 박사 후 연구 과정을 위해 미국으로 건너온 과학자였다.[28] 그녀는 미국 과학계에서 다수를 차지하는 다른 많은 외국인 출신 연구자들처럼 비주류였고 2013년경 mRNA 연구를 인정받고 바이오엔테크로 옮기기 전까지 수십 년을 계속 저임금 비정규직으로 연구를 수행해 왔다. 내가 보기에 그녀에게 유일한 행운은 아마도 같은 학교에 재직하며 mRNA 연구에 관심이 있던 와이스먼 교수를 공동 연구자로 만난 것이다. 계속 연구비 지원에서 떨어져 연구비 수주에 애를 먹었으며 연구 내용을 싣고자 해도 학술지들의 거절이 이어졌다. 이렇게 어려운 상황에서 당시 대부분이 믿지 않았던 mRNA의 백신화라는 하나의 가능성을 마음에 품고 긴 세월 연구를 포기하지 않고 매진해 온 두 과학자에게 연구자의 한 사람으로 절로 경의를 표하게 된다.

또한 커리코와 와이스먼의 연구는 당장의 성공이나 응용 가능성이 적어도 다양한 주제의 기초 연구가 궁극적으로 얼마나 중요할 수 있는지를 보여 주는 좋은 예가 될 수 있을 것이다. 특히 연구 주제가 유행을 많이 타고 기초 연구의 저변을 축소하는 선택과 집중 위주의 한국의 과학 정책에 대해 재고해 볼 수 있는 기회가 될 수 있었으면 하는 것이 나의 간절한 바람이다. 다행히 커리코와 와이스먼의 연구는 코로나19라는 특별한 상황에서 빛을 발할 수 있었다. 하지만 지금도 많은 과학자가 빛을 볼 수 있을지 확실하지 않음에도 자신의 질문을 따라 힘들고 어려운 상황 속에서 연구에 매진하고 있다는 것도 함께 기억해 주면 감사할 것 같다.

원고를 쓰는 과정에서 컴퓨터 자판에 영문으로 RNA를 치면 자꾸 자동으로 RNA가 한글로 '꿈'으로 바뀌어서 매번 하나하나 수정해야 해 정말 번거로웠다. 하지만 RNA가 한글 자판으로는 꿈인 것을 알게 되어 놀랍기도 했다. 앞으로 RNA 연구가 생명체의 작동 방식을 아주 미세한 부분까지 이해시키고 현재로서 치료가 어려운 많은 질환의 치료를 가능하게 해 줄, 즉 우리의 꿈을 이루어 주는 물질이 될 수 있을까? 희망을 품고 지켜 볼 일이다.

이 책을 쓰기까지 여러분의 격려가 있었다. 우선 매번 다양한 매체에 보도되는 RNA 백신과 치료제에 관련된 내용을 과학 지식이 부족한 일반인이 이해할 수 있게 설명해 달라고 해 준 우리집의 경제학자 조명현 교수에게 큰 고마움을 전한다. 그의 질문들이 아니었다면 과학 지식이 없는 일반인들이 보도되고 있는 RNA 관련 기사들의 내용을 제대로 이해하기 어렵다는 것을 깨닫지 못했을 것이다. 또 『송기원의 포스트 게놈 시대』가 유익했다며 과학자가 연구하는 것도 중요하지만 그에 못지않게 연구 내용을 사람들에게 잘 전하는 것도 사회적으로 가치 있는 일이라고 책 쓰기를 격려해 주신 서울 대학교 법학 전문 대학원 김하진 교수님께도 감사 인사를 드리고 싶다. 일반인들이 관심을 갖거나 이해하기 어려운 내용일 수 있고 상업적으로 도움이 되지 않으리라는 나의 우려에도 거침없이 RNA 관련 책이 필요하다고 이 책의 출간을 지원해 준 ㈜사이언스북스에 감사드리고 싶다. 내용을 이해하기 쉽지 않았을 이 글을 여러 번 읽으며 책의 편집과 그림 작성을 도와준 편집부에 깊은 감사를 전한다.

　　여러분의 희생과 헌신 덕분에 인류는 코로나19를 빨리 극복할 수 있었다. 이 과정에서 많은 생명 과학 연구자들과, 또 그들이 축적해 온 과학 지식이 중요한 공헌을 했음을 부인할 수 없다. 그러나 이런 과정에서 우리가 과학이나 기술을 통해 무엇이든 해결할 수 있다는 오만함을 갖지 않고 겸허할 수 있기를 간절히 바라며 이 책을 마친다.

후주

1   정선주, 「RNA 앱타머(apatamer): 간단한 원리부터 복잡한 응용까지」, *Molecular and Cellular Biology News* 19: 23-29, 2007.

2   Kariko, "K., Buckstein, M., Ni, H., and Weissman, D., Suppression of RNA recognition by Toll-like receptors: the impact of nucleoside modification and the evolutionary origin of RNA", *Immunity* 23:165-75, 2005.

3   Dolgin, E., "The tangled history of mRNA vaccines", *Nature* 597: 318-325, 2021.

4   Krieg P. A. and Melton D. A., *Nucleic Acid Research* 12(18) 7057-7070, 1984.

5   Malone, R. W., Felgner, P. L. & Verma, I. M., "Cationic liposome-mediated RNA transfection". *Proc. Natl Acad.Sci. USA* 86, 6077–6081, 1989.

6 리포솜은 요즘 화장품 광고에서도 자주 볼 수 있는 세포막으로 원하는 물질을 통과시킬 때 일반적으로 이용되는 방법이다. 아주 작은 비눗방울이라고 생각하면 쉽다. 리포솜은 세포막과 유사한 구조를 갖기에 세포막에 융합될 수 있고, 융합되면 리포솜이 포장했던 물질이 세포 안으로 들어간다.

7 이미 분화된 인체 세포의 운명을 되돌려 여러 가지 분화 가능성을 갖는 세포, 즉 유도 만능 줄기 세포로 변화시킬 수 있는 방법으로 이때 야마타카 팩터(Yamanaka factor)로 알려진 유전자 4개(Oct3/4, Sox2, Klf4, c-Myc)의 발현이 필요하다. 일본 과학자 야마나카 신야(Shinya Yamanaka)는 이 발견으로 2012년 노벨 생리·의학상을 수상했다.

8 Warren, L. et al., "Highly Efficient Reprogramming to Pluripotency and Directed Differentiation of Human Cells with Synthetic Modified mRNA". *Cell Stem Cell* 7, 618–630, 2010.

9 "Self-copying RNA vaccine wins first full approval: what's next?", *Nature News* 2023, Dec. 06 by Elie Dolgin, doi: https://doi.org/10.1038/d41586-023-03859-w.

10 Zhang, P. et al., "A multiclade env-gag VLP mRNA vaccine elicits tier-2 HIV-1-neutralizing antibodies and reduces the risk of heterologous SHIV infection in macaques", *Nature Medicine* 27: 2234-2245t1574-5, 2021. https://doi.org/10.1038/s41591-021-01574-5.

11 https://www.nih.gov/news-events/news-releases/nih-launches-clinical-trial-three-mrna-hiv-vaccines.

12 Richner, J. et al., "Modified mRNA Vaccines Protect against Zika Virus Infection", *Cell* 168, 1114-1125, 2017.

13 Sajid, A. et al., "mRNA vaccination induces tick resistance and prevents transmission of the Lyme disease agent", *Science Translational Medicine* 13, eabj9827, 2021.

14 Cobb, M., "Who discovered messenger RNA?", *Current Biology* 25: R526-R532, 2015.

15 Gilbert, W., "Why genes in pieces?", *Nature* 271: 501, 1978.

16 Palade, G. E., "A small particulate component of the cytoplasm", *The Journal of Biophysical and Biochemical Cytology* 1: 59-68, 1955.

17 Fire A., Xu, S., Montgomery, M., Kostas, S., Driver, S. and Mello, C., "Potent and specific genetic interference by double-stranded RNA in Caenorhabditis elegans", *Nature* 391, 806-811, 1998.

18 Roberts, T., Langer, R., and Wood, M., "Advances in oligonucleotide drug delivery", *Nature Reviews* 19:673-694, 2020.

19 Barresi, M., Gilbert, S., *Developmental Biology* 12th ed. Chapter 3 Sinauer Oxford university Press, 2019.

20 The Nobel Prize in Physiology and Medicine for 2006, http://nobelprize.org.

21 Ahn, I., Kang, C., and Han, J., "Where should siRNAs go: applicable organs for siRNA drugs", *Experimental & Molecular Medicine* 55: 1283-1292, 2023.

22   Fusco, D., Dinallo, V., Marafini, I., Figliuzzi, M., Rpmano B., and Monteleone, G., "Antisense Oligonucleotide: basic concepts and therapeutic application in inflammatory bowel disease", *Frontiers in Pharmacology* 10 article 305, 2019, https://doi.org/10.3389/fphar.2019.00305.

23   Uszczynska-Ratajczak, B., Lagarde, J., Frankish, A., Guigo, R. & Johnson, R., "Towards a complete map of the human long non-coding RNA transcriptome", *Nat. Rev. Genet.* 19, 535–548, 2018.

24   Fang, S. et al, "NONCODEV5: a comprehensive annotation database for long non-coding RNAs", *Nucleic Acids Res.* 46, D308–D314, 2018.

25   Statello, L., Guo, CJ., Chen, LL., and Huarte, M., "Gene regulation by long non-coding RNAs and its biological functions", *Nature Reviews Molecular Cell Biology* 22, 99-118, 2021.

26   Yan, H. and Bu, P., "Non-coding RNA in cancer", *Essays in Biochemistry* 65, 625-639, 2021.

27   송기원, 『송기원의 포스트 게놈 시대』(사이언스북스, 2018년).

28   "Long overlooked, Kati Kariko helped shield the world from the coronavirus", *The New York Times*, article by Gina Kolata, April 8th, 2021.

찾아보기

RNA 특강

1판 1쇄 찍음 2024년 8월 1일
1판 1쇄 펴냄 2024년 8월 15일

지은이 송기원
펴낸이 박상준
펴낸곳 ㈜사이언스북스

출판등록 1997. 3. 24.(제16-1444호)
(06027) 서울특별시 강남구 도산대로1길 62
대표전화 515-2000, 팩시밀리 515-2007
편집부 517-4263, 팩시밀리 514-2329
www.sciencebooks.co.kr

ISBN 979-11-92908-40-3 03470